面向动态环境的
服务组合测试技术

王洪达 杨 曼 著

国防工业出版社

·北京·

内 容 简 介

本书在深入了解工程信息化保障系统业务流程执行语言 BPEL（business process execution language）工作流的基础上，结合面向服务的计算和传统软件工程领域软件测试的相关技术，开展了面向动态环境的服务组合测试技术的研究工作。全书共包含9章，第1章绪论；第2到第7章对面向动态环境的服务组合测试技术关键技术点进行介绍，并在每章结尾进行实验验证和结果分析；第8章为测试支撑系统介绍；第9章为测试应用案例。

本书可供从事面向服务的体系架构测试的技术和研究人员阅读。

图书在版编目（CIP）数据

面向动态环境的服务组合测试技术/王洪达,杨曼著. —北京：国防工业出版社,2024.5
ISBN 978-7-118-13199-4

Ⅰ.①面… Ⅱ.①王…②杨… Ⅲ.①网络服务器—测试技术 Ⅳ.①TP393.092.1

中国国家版本馆 CIP 数据核字(2024)第 083818 号

※

国防工业出版社出版发行
（北京市海淀区紫竹院南路23号 邮政编码100048）
天津嘉恒印务有限公司印刷
新华书店经销

*

开本 710×1000 1/16 印张 9¾ 字数 172 千字
2024年5月第1版第1次印刷 印数1—1500册 定价 89.00 元

（本书如有印装错误，我社负责调换）

国防书店：(010)88540777　　书店传真：(010)88540776
发行业务：(010)88540717　　发行传真：(010)88540762

前言

在信息化战争条件下,为应对保障需求的日趋复杂和多变,保障系统需要提供更为柔性和智能的服务,软件对工程保障效能的影响越来越大,在整个保障系统中的地位越来越重要。作战指挥、通信等应用对信息化保障系统的基本要求就是其在任务执行周期内要提供持续、在线的可用性和满意的服务质量,以使任务执行目标得以实现。这就要求信息化保障系统必须具备更高的可靠性,来适应日益频繁的战场环境和用户需求变化,确保满足上述要求。

为保证信息化保障系统的可靠性,软件测试已成为重要内容。在面向动态环境的信息化保障系统中,核心是服务组合业务流程执行语言 BPEL(business process execution language)工作流的测试。尽管存在代码审查、形式化验证等手段,BPEL 工作流的测试依然是目前主要的软件质量保障手段。因此,面对业务需求动态多变的环境,服务组合需要具有动态演化乃至自适应的能力,以提供持续满足用户需求的不间断服务。在动态环境下,当服务组合需要动态演化时,可能尚有若干回归测试正在运行之中。目前大多数工作只是针对静态环境下(回归测试之后发生动态演化)进行回归测试,并没有考虑动态环境下(回归测试过程中发生动态演化)如何对服务组合进行测试。

本书主要针对动态环境下的服务组合测试需求,在保证效率和效用的前提下,研究精确、高效、安全的服务组合测试用例选择方法、测试用例修复与扩增方法以及测试用例优先级排序方法等内容,以提高服务组合的软件质量。

由于本书编写时间紧张,书中有不足之处望读者批评指正。

本书由天津市自然科学基金项目(20JCQNJC00350)资助。

编者

2023 年 10 月

目录

第1章　绪论 ·· 001

第2章　面向动态环境的异构事件匹配研究 ···························· 007

  2.1　异构事件匹配问题 ··· 008
    2.1.1　启发式案例 ·· 008
    2.1.2　基于模式的事件匹配 ·· 010
  2.2　事件结构的定义 ·· 012
    2.2.1　事件约束 ··· 012
    2.2.2　事件结构 ··· 015
  2.3　基于事件结构的异构事件匹配方法研究 ······················ 017
    2.3.1　事件匹配的 A^* 算法 ·· 017
    2.3.2　紧致上界函数 ··· 020
    2.3.3　事件匹配增量计算策略 ····································· 021
    2.3.4　讨论 ·· 021
  2.4　实验评估 ··· 022
    2.4.1　对比方法 ··· 022
    2.4.2　工具实现 ··· 023
    2.4.3　实验设置 ··· 023
    2.4.4　实验结果 ··· 024
    2.4.5　效度威胁分析 ··· 027
  2.5　本章小结 ··· 028

第3章　面向动态环境的服务组合业务过程间一致性度量研究 ···· 029

  3.1　业务过程模型化 ·· 030
    3.1.1　业务过程模型化 ·· 030
    3.1.2　启发式案例 ·· 031
  3.2　不同抽象层次的业务过程间一致性度量方法研究 ·········· 034

- 3.2.1 事件约束 ········· 034
- 3.2.2 业务过程间的映射 ········· 034
- 3.2.3 基于事件约束的业务过程间一致性度量方法 ········· 036
- 3.2.4 业务过程间不一致情形分析 ········· 037
- 3.2.5 案例分析 ········· 039
- 3.2.6 讨论 ········· 042
- 3.3 实验评估 ········· 044
  - 3.3.1 对比方法 ········· 044
  - 3.3.2 工具实现 ········· 045
  - 3.3.3 实验设置 ········· 045
  - 3.3.4 实验结果 ········· 046
  - 3.3.5 效度威胁分析 ········· 049
- 3.4 本章小结 ········· 049

第4章 面向动态环境的数据感知过程间转换研究 ········· 050

- 4.1 高级修改操作 ········· 051
- 4.2 数据感知过程间高效转换方法研究 ········· 054
  - 4.2.1 事件约束图 ········· 054
  - 4.2.2 数据感知过程间转换引发约束变化的修改序列 ········· 055
  - 4.2.3 数据感知过程间转换引发约束变化的最小修改序列 ········· 056
  - 4.2.4 特殊情形分析 ········· 060
  - 4.2.5 讨论 ········· 062
- 4.3 实验评估 ········· 062
  - 4.3.1 对比方法 ········· 062
  - 4.3.2 工具实现 ········· 063
  - 4.3.3 实验设置 ········· 063
  - 4.3.4 实验结果 ········· 064
  - 4.3.5 效度威胁分析 ········· 065
- 4.4 本章小结 ········· 066

第5章 基于可满足性模理论的服务组合测试用例产生方法研究 ········· 067

- 5.1 预备知识与启发式案例 ········· 068
  - 5.1.1 预备知识 ········· 068
  - 5.1.2 启发式案例 ········· 070
- 5.2 并发BPEL活动路径覆盖准则 ········· 073

5.3 并发 BPEL 活动路径的分解方法 ·········· 075
5.4 并发 BPEL 活动路径的测试用例产生方法 ·········· 079
5.5 实验验证 ·········· 081
  5.5.1 实验设置 ·········· 082
  5.5.2 实验结果与分析 ·········· 083
  5.5.3 时间复杂度分析 ·········· 085
5.6 与相关工作的比较 ·········· 086
5.7 本章小结 ·········· 088

第 6 章 基于最优控制的服务组合回归测试选择 ·········· 089

6.1 预备知识与启发式案例 ·········· 090
  6.1.1 预备知识 ·········· 090
  6.1.2 启发式案例 ·········· 092
6.2 回归测试用例选择作为一种最优控制问题 ·········· 094
6.3 BPEL 工作流系统模型 ·········· 096
6.4 最优控制策略与算法 ·········· 099
6.5 实验验证 ·········· 105
  6.5.1 实验设置 ·········· 105
  6.5.2 实验结果与分析 ·········· 106
  6.5.3 时间复杂度分析 ·········· 108
6.6 本书方法与相关工作的比较 ·········· 108
6.7 本章小结 ·········· 110

第 7 章 基于修改影响分析的服务组合测试用例排序 ·········· 111

7.1 预备知识与启发式案例 ·········· 112
  7.1.1 预备知识 ·········· 112
  7.1.2 启发式案例 ·········· 113
7.2 BPEL 活动的测试重要性 ·········· 114
7.3 基于 BPEL 活动测试重要性的测试用例排序方法 ·········· 118
7.4 实验验证 ·········· 119
  7.4.1 实验设置 ·········· 119
  7.4.2 实验结果与分析 ·········· 122
7.5 本书方法与相关工作的比较 ·········· 128
7.6 本章小结 ·········· 128

第8章 面向动态环境的服务组合测试支撑系统 ·········· 129

8.1 系统架构 ·········· 129
8.2 开发平台及开发工具 ·········· 131
8.3 BPEL工作流测试支撑模块 ·········· 132
8.3.1 BPEL工作流建模支撑模块 ·········· 132
8.3.2 BPEL工作流测试用例产生支撑模块 ·········· 134
8.3.3 BPEL工作流测试用例选择支撑模块 ·········· 135
8.3.4 BPEL工作流测试用例优先级排序支撑模块 ·········· 136
8.4 本章小结 ·········· 137

第9章 面向动态环境的服务组合测试应用案例 ·········· 138

9.1 背景描述 ·········· 138
9.1.1 某军港食品信息化保障系统功能组成 ·········· 138
9.1.2 某军港食品信息化保障系统的运行模式 ·········· 139
9.2 面向军港食品信息化保障系统的BPEL工作流测试 ·········· 141
9.2.1 测试要求 ·········· 141
9.2.2 解决方案 ·········· 142
9.2.3 案例分析 ·········· 142
9.3 本章小结 ·········· 147

参考文献 ·········· 148

第1章
绪 论

业务流程执行语言 BPEL(business process execution language)是一种使用可扩展标记语言(XML)编写的编程语言,主要用于自动化业务流程,也曾经被称为 WSBPEL 和 BPEL4WS。BPEL 广泛用于 Web 服务相关的项目开发中,优点为具有可移植性。尽管存在代码审查、形式化验证等辅助手段,软件测试依然是目前最主要的软件质量保障手段。在过去几年里,BPEL 工作流的测试得到了软件工程研究人员和从业人员的广泛关注,产生了一批优秀的软件测试方法和支撑工具,为 BPEL 工作流的可靠性提供了有效保障。另外,BPEL 工作流的测试依然是一项非常复杂和耗时费力的工作。在实际应用中,BPEL 工作流的测试资源往往有限,同时又需要全面检测 BPEL 工作流的行为以满足更多的测试需求。因此,随着 BPEL 工作流的规模增大和不断的组合更新,BPEL 工作流的测试也面临着许多挑战。一种理想的 BPEL 工作流测试方法需要同时具有高错误检测能力、低成本消耗和较为广泛的适用性等特点。因此,BPEL 工作流的测试通常根据不同服务组合的特点进行方法优化和技术改进,并将不同方法和技术进行融合。

BPEL 工作流应用在开发和维护过程中,因移除其内在缺陷、完善已有功能、重构已有代码或提高运行性能等,需要执行代码修改并触发 BPEL 工作流的演化。随着以统一过程和敏捷方法为代表的增量、迭代式开发过程的流行,BPEL 工作流的演化频率也随之迅速提高并急需经济、有效的测试方法来确保演化后的产品质量。回归测试作为一种有效的方法,可有效保证代码修改的正确性并避免代码修改对被测程序其他模块产生的副作用。统计数据表明,BPEL 工作流的回归测试一般占其测试预算的 80% 以上,占其维护预算的 50% 以上。为了大幅度削减这部分开销,国内外研究人员对自动高效的回归测试技术展开了深入研究,其中,测试用例维护策略的设定是一个核心问题。一种简单的维护策略是重新执行已有的所有测试用例。然而,这种方法存在如下问题。

(1) 在一些测试场景中,若测试用例数量较多或单个测试用例执行开销较大,则项目实际预算不允许执行完所有测试用例。例如,某一合作企业在测试一个包含约 20000 行代码的 BPEL 工作流应用时发现,运行所有测试用例所需的时间长达7周。

（2）部分代码修改会影响到被测BPEL工作流的原有外部接口或内在语义,并导致部分测试用例失效。

（3）若由于BPEL工作流代码修改生成了新的测试需求,则需额外设计新的测试用例。

针对上述问题,学术界和工业界提出了一系列测试用例维护技术。典型技术包括失效测试用例的识别和修复、测试用例选择(test case selection)、测试用例优先级排序(test case prioritization,TCP)、测试用例集缩减和测试用例集扩充(test suite augmentation)等。

由于功能增加、性能调优、软件重构、错误修复等原因,BPEL工作流通常处于动态演化。BPEL工作流的演化,新的测试用例不断产生,往往积累大量冗余测试用例。测试用例执行、管理和维护的开销相当大,而测试资源有限,因此我们希望从中挑选部分代表性测试用例,称为测试用例选择。测试用例选择应尽可能满足不同的测试需求,从而提高其错误检测能力。

在演化BPEL工作流测试的实际应用中,仅采用测试用例选择并不能完全解决BPEL工作流演化带来的挑战:①BPEL工作流的演化可能导致部分测试用例不可用,直接丢弃这些测试用例将降低错误检测能力;②BPEL工作流的演化引发模块的增加和修改,已有测试用例不能完全覆盖这些模块。为满足BPEL工作流演化带来的测试挑战,研究者提出了测试用例修复(test case repairing)和测试用例集扩增技术。测试用例修复是指对旧版本BPEL工作流的测试用例集中的不可用测试用例进行修复,使得修复后的测试用例能够在新版本BPEL工作流上执行;测试用例集扩增技术是指根据新版本BPEL工作流的和已有测试用例来生成新的测试用例,促使新测试用例能够覆盖新版本BPEL工作流的修改部分和新增部分。测试用例选择、测试用例修复和测试用例集扩增构成了测试用例演化的三大主要部分。特别地,测试用例选择在近几年引起了软件测试研究者的广泛兴趣。

另外,TCP问题也是目前回归测试研究中的一个热点,针对该问题的研究工作最早可追溯到1997年。TCP技术通过优化测试用例的执行次序来提高回归测试效率。具体来说,在特定排序准则指导下,将测试用例按重要程度从高到低进行排序并依次执行。实践表明,TCP技术可以协助测试人员提高缺陷检测速率并使开发人员尽早展开调试工作。目前,TCP技术中采用的排序准则一般建立在对源代码、需求或模型的分析基础上;同时,TCP技术不仅成功应用到传统软件的测试中,而且也逐渐成功应用到特定领域的测试中,包括图形用户界面测试、Web应用测试、Web服务测试、组合测试和缺陷定位等。为对该研究问题进行系统分析、总结和比较,我们通过论文数据库的检索,最终选择出与该主题直接相关的论文共177篇。从论文发表的时间来看,该问题一直是回归测试中的一个研究热点;从论文发表的会议和期刊来看,绝大部分论文均发表在软件工程领域的权威期刊和会议上。

本书主要为了能使动态环境 BPEL 工作流满足复杂多变环境下的要求,保证整个系统安全、可靠、稳定的运行。本书的研究内容主要针对动态环境,重点研究了 BPEL 工作流的测试用例产生、测试用例选择、测试用例优先级排序 3 种技术,以保证动态环境中 BPEL 工作流应用的可靠性。整个研究框架如图 1-1 所示。

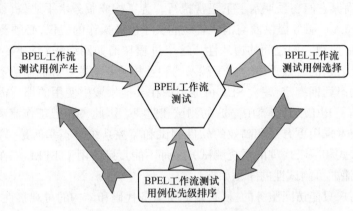

图 1-1　BPEL 工作流测试研究框架

面向服务的计算(service-oriented computing,SOC)改变了对软件的传统理解(应用设计、交付和消费)。SOC 的核心是能够创建一种更系统和有效的方式来构建分布式应用程序,目的是建立一个松耦合服务的世界,能够快速组合动态业务流程和应用程序。

一些软件公司和市场分析机构已经强调了 SOC 带来的变化。企业的重点是从产品制造(硬件和软件)向服务提供转移。例如,根据 AppLabs[1] 的研究,在未来,业务将集中从系统开发转向核心业务,这种转变的一个动机是使用其他企业提供的服务动态构建系统的能力。根据 Wintergreen 研究公司(WRI)的研究,软件行业的变化超越了技术问题。随着软件为满足业务需求而变得更加敏捷,许多企业采用以服务为中心的系统(service-centric system,ScS)。SOC 相关技术的市场增长也支持这种说法。

然而,SOC 可能尚未实现其充分的市场潜力。我们认为这主要有两个原因:一是最近的经济衰退,减少了对新技术和研究的投资;二是 ScS 带来的技术挑战。

正如 CDBI 论坛所指出的,由于 Web 服务被引入需要高可靠性和安全性的系统中,服务组合可信性问题受到的关注越来越多。在这些系统中使用服务,对服务提供商和消费者之间建立信任的关系非常重要。可信问题不仅是关于服务的正确运作,还有许多其他维度,如服务安全和服务质量(QoS)。而软件测试则为 ScS 的正常功能提供了保障。为了确认 ScS(尤其是 BPEL 工作流)的正确功能,必须对其所有组件之间的互操作性和这些组件的集成进行充分测试。

BPEL 工作流可能需要比传统软件更频繁的测试,因为更改 BPEL 工作流可能随着涉及服务数量的增加而增加。随着对每次被调用服务的改变,BPEL 工作流可能每次都需要测试。BPEL 工作流的测试的还有一些其他挑战,如确定适当的测试时间和操作以免测试服务受到影响等。BPEL 工作流还需要进行测试和监控 QoS,以确保它们在预期水平下正常执行。为了构成服务水平协议(service level agreement,SLA),服务提供商与消费者之间关于服务操作的协议,必须测量 QoS 参数,并且随后监视它们之间的遵从性。这个过程在诸如网络托管和网络服务的其他领域中是公认的有效手段。由于涉及的利益相关者的数量和面向服务体系结构(SOA)的动态后期绑定,建立 SLA 可能不像在其他领域中使用的那样简单。这些问题也影响了 BPEL 工作流中 QoS 的测试和监视。因此,BPEL 工作流需要比传统软件测试技术采用更有效和高效的软件测试和监控系统。不幸的是,现有的大多数用于分布式和基于代理的系统测试方法都不能直接应用于 BPEL 工作流。限制 BPEL 工作流的可测试性的问题如下。

(1) 用户只能访问服务的接口,限制了服务代码和结构的可观察性。

(2) 独立的基础设施、服务运行和缺乏控制提供商是服务演进的唯一控制机制。

(3) 动态性和适应性,限制了测试者在工作流执行期间确定调用服务的执行能力。

(4) 测试成本:使用服务的成本(对于具有接入配额或每次使用的服务),可能由大规模测试造成的服务中断。

现有的测试方法必须考虑到这些限制条件。为有效测试和监控特定测试系统,BPEL 工作流测试要求必须能够执行尽可能多的测试方法,并且必须易于部署。易于部署是一个重要的功能,因为通常需要很长时间才能为分布式系统设置测试环境。然而,由于这样做可能会增加测试延迟,而这种延迟在 BPEL 工作流测试中又可能是不可接受的。因此,ScS 对于软件测试人员来说是一个极大的挑战。

以服务为中心的系统测试(service-centric system tesing,ScST)包括基本服务功能、服务互操作性、一些 SOA 功能、QoS 和负载/压力测试的测试。测试 Web 服务的不同方面均面临以下挑战。

(1) 使用如 Web 服务描述语言(WSDL)、服务本体 Web 语言(OWL-S)和 Web 服务建模本体(WSMO)之类的所有或一些 Web 服务规范的基于规范的测试。

(2) 由于 ScS 的动态特性,对 SOA 活动(发现、绑定、发布)的运行时测试。

(3) 由于 SOA 活动涉及多个利益相关者,对其的合作测试。

(4) 测试 Web 服务选择,需要测试具有相同规范但不同实现的 Web 服务。

BPEL 工作流测试的挑战问题,不是因为测试不在传统的软件系统中进行,而是因为测试人员在 BPEL 工作流测试中面临的限制。与传统的软件系统相比,BPEL 工作流测试主要由于以下两个原因而更具挑战性:Web 服务的复杂性及由于 SOA 的性质而发生的限制。也有人认为基于多种协议的 Web 服务的分布式性质(如通用描述发现和集成(UDDI)和简单对象访问协议(SOAP)随 WSDL 规范提供的信息),使得 BPEL 工作流测试更具挑战性。尽管 Web 服务为软件测试带来了挑战,但是现有的一些测试技术软件仍适用于 BPEL 工作流测试。

动态环境 BPEL 工作流测试相比传统的工作流测试更加注重安全性、效率、精确性和可靠性,基于此,我们提出了如图 1-2 所示的研究方案。图 1-2 所示为基于 BPEL 工作流的测试用例演化进展研究方案。由于在 BPEL 工作流的演化过程中常常需要删除、添加和修改软件的某些对象,从而导致部分测试用例不能正常执行,这些测试用例称为不可用测试用例,在新版本程序中仍能正常执行的测试用例称为可用测试用例。测试用例演化首先要识别已有测试用例中的可用测试用例和不可用测试用例,进而分别加以处理。在 BPEL 工作流的演化过程中,测试用例集也在增长,可能导致大量冗余测试用例存在。新版本 BPEL 工作流重复执行过多冗余测试用例造成测试资源浪费,因而需要进行选择,使得选出的部分测试用例能够尽可能地满足新版本修改部分的测试需求。测试用例选择通常针对的是可用测试用例,即能够在新版本 BPEL 工作流运行的测试用例。仅对已有测试用例进行选择并不足以满足演化 BPEL 工作流的测试需求,为进一步确保演化 BPEL 工作流的质量,需要利用已有信息生成新的测试用例,主要包括测试用例修复和测试用例集扩增两类。测试用例修复是指对不可用的测试用例进行添加、删除或修改等操作,使得修改后的测试用例能够在新版本上正确执行。在软件演化过程中,不可用测试用例由软件演化而成,修复后的不可用测试用例往往更具有针对性,从而比生成新测试用例更为有效。因此,修复不可用测试用例对满足演化软件测试新需求具有重要意义。不可用测试用例可分为两类:可修复测试用例和不可修复测试用例。不可用测试用例能够被修复使其能够在新版本的程序上执行,称为可修复测试用例。理论上,所有测试用例均可修复,但需要考虑其修复成本。我们通常将修复成本过高的测试用例称为不可修复测试用例。不可修复测试用例的一个简单处理方法就是丢弃。测试用例集扩增是指根据已有的测试用例信息和 BPEL 工作流演化信息来生成新的测试用例集,该测试用例集与经过选择和修复的测试用例集合并共同满足新版本的测试需求。测试用例集扩增主要针对 BPEL 工作流的修改和新增部分。与传统测试用例生成不同,测试用例集扩增强调利用已执行测试用例信息和 BPEL 工作流演化信息辅助生成新测试用例,以期提高生成效率并获得更具针对性的测试用例。测试用例选择、测试用例修复和测试用例集扩增之间相互依赖和补充。测试用例选择出的测试用例是对原有测试用例集的充分利用,是新版本测试用例集的重要组成部分。测试用例修复和测试用例集扩增通过对原有测试用例集信息和 BPEL 工作流演化信息的利用,生成满足新版本测试需求的测试用例。测试用例选择、测试用例修复和测试用例集扩增通过不同形式对原有测试用例集信息进行充分利用,共同构成一个较为完善的测试用例集。

  本书主要针对 BPEL 工作流的测试用例生成、回归测试用例的选择和测试用例优先级排序这 3 种对于测试成本和效率影响最大的技术开展研究工作,从图 1-2 中可以看出,这 3 种技术是层层递进的关系,以期确保动态环境 BPEL 工作流的可靠性。

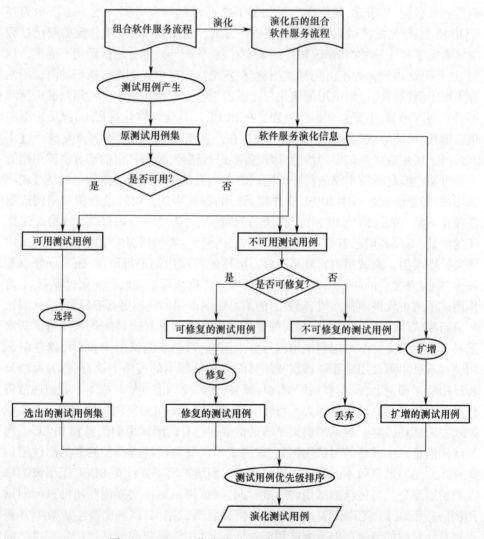

图 1-2 BPEL 工作流的测试用例演化进展研究方案

第2章
面向动态环境的异构事件匹配研究

异构事件日志是指没有字符或语义相似性(事件名称"不透明")的业务过程在信息系统中实际执行的记录。异构事件匹配一直是实现事件数据集成尤为关键和具有挑战性的一步。异构事件匹配技术通常应用于以下两种场景中:①"经典"场景,如面向动态环境下的各子部门间的重新调整和整合;②"新"场景,如从区块链中根据异构事件日志找相似的业务过程。

我们之前参与了构建某岸勤保障信息系统平台的项目。该系统原有 18 个子部门,这些部门的信息系统总共包含了数目众多的业务过程,其中大部分过程是由各子部门对相同业务需求的不同实施。当我们要将这些异构事件数据整合到 BPMS 下的业务过程数据仓库时,需要执行各种业务过程的分析,如为方便查询和检索相似的业务过程,需要研究业务过程间相似性;为识别业务过程间可以相互替代和重用的部分,需要分析业务过程间一致性;为将相似的业务过程统一到一个标准的参考过程,需要研究业务过程间转换。如果没有探索异构事件之间的映射关系,无法完成上述的分析。

许多先前的匹配技术根据事件的名称,比较其语法或语义相似性匹配事件,如字符串编辑距离。然而,由于信息系统中的模型化语言和信息编码不同及业务表达不统一等原因,业务过程中的事件名称"不透明",因此在解决异构事件匹配问题上语法相似性或语义相似性是不适用的。

除了语法、语义相似性,结构相似性也可用于事件匹配。一般而言,事件日志 L 中至少有一条轨迹中 2 个事件 x、y 连续出现,则它们之间存在一种依赖关系。根据事件日志中轨迹的总数目 $|L|$ 以及 x、y 连续出现的轨迹数目 $|n|$,能够计算出依赖关系的发生频率,即 $|n/L|$。一旦根据依赖关系构建了事件日志的图形结构,依赖关系相似度就决定了相应的事件是否可以相互映射。但是,这种依赖关系在面对较为复杂的匹配情况时,识别的匹配结果可能并不准确。

受基于依赖的匹配技术的启发,使用事件模式(event pattern)来匹配异构事件。事件模式是一组具有相同结构的事件集合,其中存在多种依赖关系。尽管事件模式比依赖关系更具有区分度,但是它也不可避免地引起两个问题:①查找潜在的具有区分度的事件模式是一项比较繁重且易于出错的任务；②基于模式匹配的技术识别的匹配结果也可能不符合实际情况，因为它本质上属于有向图匹配，可能会产生 NP-hard 子图同构问题。

已有研究方法提出的由事件和几种事件约束构成的事件结构能够很好地描述业务过程。由于业务过程可以根据事件日志利用过程挖掘技术进行构建，我们也可以用事件结构描述异构事件日志。这种具有统计信息的事件结构比依赖关系和事件模式更具区分度。更重要的是，事件结构能够从工作流视图而不是有向图的角度来解决异构事件匹配问题。

本书将"不透明"名称的事件匹配问题转化为计算事件日志中事件和事件约束最大相似度的问题。手动识别事件匹配是一个乏味的、耗时且易出错的工作。随着需要整合的异构事件数据量的迅速增加，这一挑战愈演愈烈，这一点在 Web 数据源和电子商务中尤为突出。因此，开发一种自动化的方法准确匹配异构事件数据变得尤为重要。另一个挑战是需要设计一种能够快速搜索到最佳映射的算法。为实现此目标，还需要定义一个紧致上界函数，在不舍弃最优匹配的前提下缩小搜索空间。

2.1 异构事件匹配问题

2.1.1 启发式案例

图 2-1(a)显示了某岸勤保障系统中不同子部门处理同一业务活动构建的不同表达形式的业务过程，并且业务过程管理人员已提供了业务过程 P_1 和 P_2 之间的实际映射关系。图 2-1(b)和(c)所示为 P_1 和 P_2 的异构事件日志 L_1 和 L_2。每个事件日志都包含了业务过程执行的多条轨迹。很显然，通过语法或语义相似性无法识别 L_1 和 L_2 中事件间的映射关系。为简单起见，A、B、C、D、E 和 1、2、3、4、5、6、7、8 分别用于表示 L_1 和 L_2 中的"不透明"事件的名称。

图 2-1(d)和(e)分别捕获了 L_1 和 L_2 的结构和统计信息，其中节点和边分别表示事件和依赖关系。与节点和边相关联的数字表示发生频率，例如，AC 上的 0.7 代表着 A 与 C 在 L_1 70%的轨迹中连续出现。直观地，C 与 3 应该对应，因为它们的发生频率都是 1.0，且 CD、CE 分别与 34、35 发生频率也都相同。此外，AC、BC 分别与 13、23 发生频率高度相似。然而，实际情况是 C 与 3 表示两个不同的事件。因此，仅通过依赖关系进行事件匹配并不一定能够得到正确的匹配结果。

寻找"好"的事件模式是基于模式匹配技术非常关键的一步，为此需遵循两个指导方针：①如果一个事件模式跟其他事件模式具有不同的结构，则该事件模式具

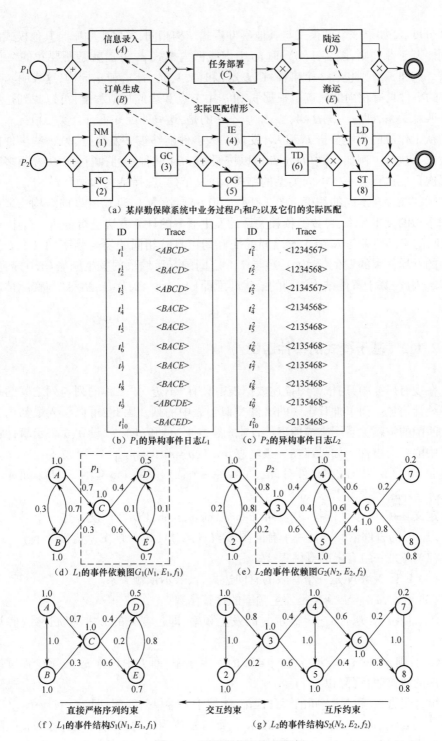

图 2-1 异构事件日志的实例

有区分度;②如果该事件模式与其他事件模式结构相同,其发生频率与其他模式的不同。基于此规则,图2-1(d)和(e)中虚线框内模式p_1和p_2就是所要找的"好"模式。p_1和p_2分别包含3个事件$\{C,D,E\}$和$\{3,4,5\}$,且p_1和p_2同构,这表明p_1和p_2中的事件具有相同的轨迹。根据p_1和p_2中节点和边的相似程度,可以找到这些事件匹配关系,即$\{C\sim3,D\sim4,E\sim5\}$。不幸的是,这些匹配并不符合实际情况。

从工作流的角度分析L_1和L_2,发现一些事件能够被并发执行,另一些事件能够被选择执行。例如,L_1中的A、B可以按照AB、BA两种序列执行,而D、E很多时候每次只能执行其一。不同类型的结构(并发结构、选择结构和循环结构)中,事件之间往往存在不同的约束。图2-1(g)和(h)所示为L_1和L_2的事件结构。事件结构中边的发生频率,可依据依赖关系的发生概率的计算方法进行分析。L_1中A、B之间的交互约束与L_2中4、5之间的交互约束具有相同的发生频率(1.0);E、F之间的互斥约束的发生频率(0.9)与7、8之间的互斥约束的发生频率(1.0)高度相似。因此,基于事件结构识别的最优匹配即$\{A\sim4,B\sim5,D\sim7,E\sim8\}$与实际情况相符。

2.1.2 基于模式的事件匹配

在现有研究中,用依赖图描述数据表中具有"不透明"名称的列与列之间的结构和统计信息。而事件日志中的事件类似于表中的列。因此,可以引入最初用于模式匹配的依赖关系图来描述事件日志(图2-1(d)和(e))。设a、b表示事件日志L中的一对事件。如果存在一条轨迹$\sigma \in L, \sigma=n_1 n_2 \cdots n_{i-1}(i=\{1,2,\cdots,i-2\})$,使得$n_i=a$且$n_i+1=b$,则事件对$(a,b)$存在一个依赖关系($> \subseteq \mathbf{N} \times \mathbf{N}$),如$A>B$且$B>A$。事件依赖图的定义如下。

定义 2-1 (事件依赖图(event dependence graph,EDG)) 设L是一个异构事件日志。L的事件依赖图是一个有向图$G=(\mathbf{N},\mathbf{E},f)$,其中$\mathbf{N}$、$\mathbf{E}$、$f$定义如下。

(1) $\mathbf{N}$是一组有限的事件集合。

(2) $\mathbf{E} \subseteq \mathbf{N} \times \mathbf{N}$是一个有限的有向边集合,表示依赖关系。

(3) $f(n_i,n_j): \mathbf{N} \to \mathbf{N}$是发生频率的标签函数。

① 如果$i=j$,则$f(n_i,n_j)$表示n_i的发生频率,即包含n_i的L中的轨迹数(除以$|L|$);

② 否则,$f(n_i,n_j)$表示$(n_i,n_j) \in \mathbf{E}$的发生频率,即L中包含n_i、n_j至少连续出现一次的轨迹数目(除以$|L|$)。

事件集合$\mathbf{N}_1$和$\mathbf{N}_2$之间的事件匹配$\mathbf{M}$属于一种单射匹配,即$\mathbf{M}: \mathbf{N}_1 \to \mathbf{N}_2$。对于事件$n_i \in \mathbf{N}_1, n_k \in \mathbf{N}_2$,如果$n_k=\mathbf{M}(n_i)$,则将$n_k$视为$n_i$的匹配,$n_i \to n_k$称为$n_i$匹配$n_k$。为找到两个事件日志中的事件间的所有映射关系,基于依赖关系的匹配方法

引入了分数函数即法向距离,计算两个 EDG 中的节点和边的相似度。

定义 2-2 法向距离(Normal Distance)。设 **M** 是事件依赖图 $G_1 = (\mathbf{N}_1, \mathbf{E}_1, f_1)$ 和 $G_2 = (\mathbf{N}_2, \mathbf{E}_2, f_2)$ 的事件匹配。**M** 的法向距离定义为

$$D(\mathbf{M}) = \sum_{n_i, n_j \in N_1} \left(1 - \frac{|f_1(n_i, n_j) - f_2(\mathbf{M}(n_i), \mathbf{M}(n_j))|}{f_1(n_i, n_j) + f_2(\mathbf{M}(n_i), \mathbf{M}(n_j))}\right) \quad (2-1)$$

如果式(2-1)中 $i=j$,则法向距离仅计算事件的发生频率;否则,法向距离计算的是节点和边的发生频率。而且式(2-1)具有单调性,即两个事件日志的映射 **M** 值随节点和边的匹配数单调增加。因此,法向距离越大,则 **M** 中的节点和边的相似度越高,使 $D(\mathbf{M})$ 最大的匹配即两个异构事件日志之间的最优匹配。

根据图 2-1(d)和(e)中的 EDG 即 G_1 和 G_2,L_1 和 L_2 之间的事件匹配也可使用法向距离来评估。对于真实匹配 $\mathbf{M} = \{A\sim4, B\sim5, C\sim6, D\sim7, E\sim8\}$,匹配的 5 个节点的法向距离 $D_N(\mathbf{M}) \approx 4.505$($D\sim7$ 和 $E\sim8$ 的相似度都为 $1 - \frac{|0.5-0.2|}{|0.5+0.2|} + 1 - \frac{|0.8-0.7|}{|0.8+0.7|} \approx 1.505$,其余 3 个事件对的相似度都为 1.0),匹配的 6 条边的法向距离 $D_E(\mathbf{M}) \approx 5.084$,则节点和边匹配的法向距离为 $D(\mathbf{M}) = 4.505 + 5.084 = 9.589$。

然而,另一种匹配 $\mathbf{M}' = \{A\sim1, B\sim2, C\sim3, D\sim4, E\sim5\}$ 可能具有更高的法向距离,因为 $\mathbf{M}'$ 包含了更多边的匹配。类似地,计算 $\mathbf{M}'$ 的法向距离 $D(\mathbf{M}') = 4.490 + 6.152 = 10.642$,其中 $D_N(\mathbf{M}') \approx 4.490$ 和 $D_E(\mathbf{M}') \approx 6.152$ 分别指匹配的 5 个节点的法向距离(其中,$D\sim4$ 和 $E\sim5$ 的相似度都为 $1 - \frac{|1.0-0.5|}{|1.0+0.5|} + 1 - \frac{|1.0-0.7|}{|1.0+0.7|} \approx 1.490$)和匹配的 8 条边的法向距离,$D(\mathbf{M}') > D(\mathbf{M})$。可见基于依赖关系的匹配方法并不一定能够找到正确的匹配。

最近提出了复杂模式的概念来解决基于 EDG 的异构事件匹配问题。根据表述复杂事件处理问题的协定,事件模式是:①单个事件 n_i,即模式 p_i;②$\text{SEQ}(p_1, p_2, \cdots, p_i)$,其中 $p_1, p_2, \cdots, p_i$ 必须顺序地执行;③$\text{AND}(p_1, p_2, \cdots, p_i)$,这要求 $p_1, p_2, \cdots, p_i$ 必须同时发生。

由于节点和边是特殊的模式,基于模式的匹配是对基于依赖关系匹配的一般化。为评估 p 的发生频率 $f(p)$,引入了轨迹匹配模式的概念:如果 σ_k 的子串是 p 中所有事件的拓扑排序,则轨迹 $\sigma_k \in L$ 匹配模式 p。匹配的 p 的轨迹数除以事件日志 L 中的轨迹总数($|L|$)即为发生频率 $f(p)$。根据依赖关系匹配技术中的依赖相似性的概念,我们期望 L_1 中 p 与 L_2 中 $\mathbf{M}(p)$ 具有尽可能相近的发生频率,即需要找到一个最大值 $D(\mathbf{M})$。

图 2-1(d)中模式 $p_1 = \text{SEQ}(\text{AND}(A,B), C)$ 对应于图 2-1(e)中的模式 $p_2 =$

SEQ(AND(4,5),6)。由于 L_1 和 L_2 中所有轨迹都与这两个模式相匹配,因此 p_1、p_2 的发生频率为 1.0。EDG 中所有的节点和边被看作事件模式,则 $\mathbf{M} = \{A \sim 4, B \sim 5, C \sim 6, D \sim 7, E \sim 8\}$ 的模式法向距离为 $D(\mathbf{M}) = 4.505 + 5.084 + 1.0 = 10.589$。但是,它并不是最大的模式法向距离。

在图 2-1(d) 中模式 SEQ(AND(A,B),C,AND(D,E)) 与图 2-1(e) 中 SEQ(AND(1,2),3,AND(4,5)) 子图同构。我们计算出最大的模式法向距离的事件匹配为 $\mathbf{M}' = \{A \sim 1, B \sim 2, C \sim 3, D \sim 4, E \sim 5\}$,其中 $D(\mathbf{M}') = 4.490 + 6.152 + 0.333 = 10.975$(两个模式的相似度等于 $1 - \frac{|1-0.2|}{|1+0.2|} \approx 0.333$),$D(\mathbf{M}') > D(\mathbf{M})$。因此,基于模式的匹配方法也可能无法找到正确的匹配,因为它无法从工作流的角度捕获事件日志中的控制流信息。

总之,由于基于依赖关系的匹配技术和基于模式的匹配技术从事件日志中提取的模型为有向图而不是工作流,如 EDG 无法描述事件日志中的选择和循环结构,所以这两种技术解决异构事件匹配的问题都不具有一般性。本书将异构事件匹配问题形式化如下。

问题 2-1 事件匹配问题。给定两个异构事件日志 L_1 和 L_2,异构事件匹配问题就是找到使 $D(\mathbf{M})$ 最大的事件映射 $\mathbf{M}$。

上述匹配技术找到的"最优"匹配 $\mathbf{M}[D(\mathbf{M})$ 最大] 可能不符合实际情况,是否可以从事件日志中找到更具区分度的特征解决上述问题呢? 于是,我们开展了以下研究。

2.2 事件结构的定义

为准确匹配异构事件,需要捕捉事件日志中具有区分度的事件约束,如并发或选择执行的事件。这些事件和事件约束反过来产生事件日志的事件结构。

2.2.1 事件约束

现有方法采用弱序约束(weak constraint)的概念来分析业务过程的行为。于是 3 个基本的事件约束被识别:严格顺序(strict order)、交互(interleaving)和互斥(exclusiveness)。同样,这些事件约束也可以从事件日志中进行探索。

非正式地,一个弱序约束($> \subseteq \mathbf{N} \times \mathbf{N}$)是指按其发生时间戳排序的事件的执行顺序。弱阶约束可以分为两类:直接弱序约束($> \subseteq \mathbf{N} \times \mathbf{N}$)和传递弱序约束($\geqslant \subseteq \mathbf{N} \times \mathbf{N}$)。令 n_i、n_j 表示事件日志 L 中的一对事件。事件对 (n_i, n_j) 包含严格顺序

约束(→ ⊆ **N** × **N**)要求 L 中任一轨迹必有 $n_i > n_j$ 和 $n_j \not> n_i$。事件对 (n_i, n_j) 包含互斥约束(+ ⊆ **N** × **N**)要求 L 中任一轨迹都有 $n_i \not> n_j$ 和 $n_j \not> n_i$。事件对 (n_i, n_j) 包含交互约束(‖ ⊆ **N** × **N**)要求 L 中存在轨迹使得 $n_i > n_j$ 和 $n_j > n_i$。但是,如果将这些约束直接应用于事件匹配,可能面临以下两个困境。

(1)交互约束不明确,可能引起一些有争议的匹配结果。

(2)严格序列约束具有较差的区分度,因为它的发生频率通常等于 1.0。

图 2-2(a)和(b)的两个事件日志中,可以确定 L_1 中的事件 B、C 之间及 L_2 中的事件 2、3 之间存在着交互约束,即 $B \| C$ 和 $2 \| 3$。直观的判断是,B、C 应该与 2、3 高度相似。但是,真实情况是 B、C 的结构(并发结构)与 2、3 的结构(循环结构)完全不同,如图 2-2(c)和(d)所示。因此,为更加准确地区分过程结构(循环结构和并行结构),交互约束应该被进一步细化。

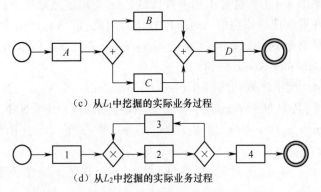

ID	Trace
t_1^1	<ABCD>
t_2^1	<BACD>
t_3^1	<ABCD>
t_4^1	<BACE>
t_5^1	<BACE>

(a)L_1 的轨迹

ID	Trace
t_1^2	<124>
t_2^2	<124>
t_3^2	<12324>
t_4^2	<1232324>
t_5^2	<12324>
t_6^2	<123232324>

(b)L_2 的轨迹

(c)从 L_1 中挖掘的实际业务过程

(d)从 L_2 中挖掘的实际业务过程

图 2-2 不同过程结构中事件对存在的交互约束

定义 2-3 交互约束(interleaving constraint)。令 $n_i, n_j \in \mathbf{N}$ 为事件日志 L 中的一对事件,其中 **N** 为 L 的事件集合。交互约束(‖ ⊆ **N** × **N**)可被分为两类。

(1)若 $n_i > n_j, n_j > n_i, n_i > n_i$ 和 $n_j > n_j$,则事件对 (n_i, n_j) 中存在一个循环交互约

束($\|_l \subseteq \mathbf{N} \times \mathbf{N}$)。

（2）若 $n_i > n_j, n_j > n_i, n_i \not> n_i$ 和 $n_j \not> n_j$，则事件对 (n_i, n_j) 中存在一个非循环交互约束($\|_n \subseteq \mathbf{N} \times \mathbf{N}$)。

包含循环交互约束的事件对在特定轨迹中能够表现出它们的循环路由轨迹。此外，如图2-3所示的两个事件之间也存在着交互约束，但这要求事件日志包含可以将标签分配给事件的标签功能。然而，这样的功能并不是我们研究的事件日志的一部分，因此图2-3中的情况本书不予考虑。非循环交互约束通常在没有迭代环的并发结构中的事件之间存在。

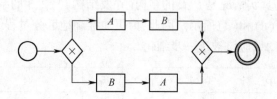

图2-3 标签功能导致事件对(A,B)中存在交互约束

对于图2-2(a)和(b)中的事件日志，我们能够确定所有的严格序列约束：图2-2(a)中$A \to B$、$A \to C$、$A \to D$、$B \to D$ 和 $C \to D$，图2-2(b)中 $1 \to 2$、$1 \to 3$、$1 \to 4$、$2 \to 4$ 和 $3 \to 4$。计算每个严格序列约束的发生频率参照依赖关系的发生频率的计算方法，即 L 中事件 A、B 顺序执行（要么 A 一直在 B 之前执行，要么 B 一直在 A 之前执行）的轨迹的数量与 L 中轨迹总数的比值。然而，我们发现所有严格顺序约束的发生频率都为1.0。这对识别事件间的匹配关系显然是缺乏区分度的，特别是面对存在并发或选择路由的一对事件日志。因此，应该将严格序列约束划进一步分为直接严格序列约束(direct strict srder constraint, DS)和传递严格序列约束(transitive strict srder constraint, TS)。

定义2-4 严格序列约束(strict order constraint)。令 $n_i, n_j \in \mathbf{N}$ 为事件日志 L 中的一对事件，其中 $\mathbf{N}$ 为 L 的事件集合。严格序列约束($\to \subseteq \mathbf{N} \times \mathbf{N}$)被分为两类。

（1）若 $n_i > n_j$ 和 $n_j \not> n_i$，则事件对 (n_i, n_j) 中存在一个直接严格序列约束($\to_d \subseteq \mathbf{N} \times \mathbf{N}$)。

（2）若 $n_i \geqslant n_j$ 和 $n_j \not> n_i$，则事件对 (n_i, n_j) 中存在一个传递严格序列约束($\to_t \subseteq \mathbf{N} \times \mathbf{N}$)。

由于事件日志中 TS 的发生频率通常都为1.0，区分度较低，它们并不能帮助找到正确的事件匹配。而且，引入这些约束可能会使事件匹配更加复杂和耗时。因此，本书只考虑了 DS。通过上述对事件约束的分析，我们可以遍历整个异构事件日志，捕获所有需要的事件约束及其发生概率，构建事件日志的事件结构。

2.2.2 事件结构

在事件结构中,事件 $n_i \to N$ 表示在建模系统(如工作流)中事件(如任务)的发生。使用3个二元约束来定义事件发生的顺序:直接严格顺序约束、交互约束和互斥约束。每个约束都标有一个标准化的发生频率。

定义 2-5 事件结构(event structure)。设 L 是一个事件日志,N 是 L 的事件集合,$n_i, n_j \in N$ 为事件日志 L 中的一对事件,$\sigma \in L$ 为 L 中的一条轨迹。L 的事件结构是一个图 $S=(N, E, f)$,其中 N、E、f 定义如下。

(1) N 是一组有限的事件集合。

(2) $E \subseteq E_d \cup E_i \cup E_e \subseteq N \times N$ 是一个有限的边集合,其中,有向边 $(n_i, n_j) \in E_d$ 指代 (n_i, n_j) 上存在直接严格序列约束;双向边 $(n_i, n_j) \in E_i$ 指代 (n_i, n_j) 上存在交互约束;无向边 $(n_i, n_j) \in E_d$ 指代 (n_i, n_j) 上存在互斥序列约束。

(3) $f(n_i, n_j): N \to N$ 是发生频率的标签函数。

① 如果 $i=j$,则 $f(n_i, n_j)$ 表示 n_i 的发生频率,即 L 中包含 n_i 的轨迹数(除以 $|L|$);

② 否则,$f(n_i, n_j)$ 表示 $(n_i, n_j) \in E$ 的发生频率,其中:

a. 如果 n_i、n_j 在 σ 中连续出现,则 L 中包含 n_i、n_j 至少连续出现一次的轨迹数目(除以 $|L|$);

b. 如果 n_i、n_j 在 σ 中交替出现,则 L 中包含 n_i、n_j 至少交替出现一次的轨迹数目(除以 $|L|$);

c. 如果 n_i、n_j 在 σ 中只能出现其中的一个,则 L 中仅包含 n_i 或 n_j 中的一个的轨迹数目(除以 $|L|$)。

L 的事件结构可遵照算法 2-1 构造。第 1~4 行初始化事件集合 N,约束边集合 E、事件、事件约束的发生频率的标记函数 f 和轨迹集合 T。第 5 行遍历 L 中的轨迹,找到每个事件所在的轨迹放入 T,将该事件放入 N 中,并计算其发生频率(第 5~9 行)。在"for"循环(第 2~25 行)内,第 10~25 行将 3 种类型的事件约束边和它们的发生频率放入边集合 E,从而构造出 L 的事件结构 $S=(N, E, f)$。

本书事件结构是基于事件、约束边和它们的发生频率构建的,因此也可以利用法向距离式(2-1)来探索使节点、边的相似性最大的匹配。

根据图 2-1(g)和(h)所示的事件结构 S_1 和 S_2,采用式(2-1)计算真实匹配的法向距离 $M=\{A\sim4, B\sim5, C\sim6, D\sim7, E\sim8\}$,即 $D(M)=D_N(M)+D_E(M)=4.505+5.193=9.698$,其中 $D_E(M)=3.304+0.889+1.0=5.193$,它包含了3种类型的约束边(直接严格顺序、交互和互斥约束边)的相似度。然而,对于上述两种方法识别的"正确"匹配 $M'=\{A\sim1, B\sim2, C\sim3, D\sim4, E\sim5\}$ 的法向距离 $D(M')=D_N(M')+$

$D_E(\mathbf{M'}) = 4.490+5.066=9.556$,其中$D_E(\mathbf{M}) = 3.733+1.333=5.066$,它只包含两类约束边(直接严格顺序和交互约束边)。而且,事件对(E,F)和$(4,5)$上的互斥约束相似程度非常低(0.333),因为E、F更多情况下是被并发执行的,只是偶尔被选择执行。而本书定义的事件结构可以识别它们。因此,$D(\mathbf{M})>D(\mathbf{M'})$,正确(实际)匹配$\mathbf{M}$击败$\mathbf{M'}$。

算法 2-1 事件结构的构建

输入:事件日志L
输出:事件结构$S=(N,E,f)$

1 $N \leftarrow \varnothing$
2 $E \leftarrow \varnothing$
3 $f \leftarrow \varnothing$
4 $T \leftarrow \varnothing$
5 **for** each trace $\sigma_i \in L, \sigma_i = n_1 n_2 \cdots n_k, 0 < i \leqslant |L|$
6      $N := N \cup \{n_k\}$
7   **if** $n_k \in \sigma_i$
8          $T := T \cup \{\sigma_i\}$
9          $f(n_k, n_k) := \dfrac{|T|}{|L|}$
10   **if** $\forall n_i, n_j \in N,$ such that $(n_i > n_j) \cap (n_j \not> n_i) \cap (n_i, n_j \in \sigma_i)$
11         $E := E \cup \{\rightarrow_{(n_i, n_j)}\}$
12         $T := T \cup \{\sigma_i\}$
13         $f_\rightarrow (n_i, n_j) := \dfrac{|T|}{|L|}$
14   **if** $\forall n_i, n_j \in N,$ such that $(n_i \not> n_j) \cap (n_j \not> n_i) \cap \{(n_i \in \sigma_i \cap n_j \notin \sigma_i) \cup (n_j \in \sigma_i \cap n_i \notin \sigma_i)\}$
15         $E := E \cup \{\#_{(n_i, n_j)}\}$
16         $T := T \cup \{\sigma_i\}$
17         $f_\#(n_i, n_j) := \dfrac{|T|}{|L|}$
18   **if** $\forall n_i, n_j \in N,$ such that $(n_i > n_j) \cap (n_j > n_i) \cap (n_i \not> n_i) \cap (n_j \not> n_j) \cap (n_i, n_j \in \sigma_i)$
19         $E := E \cup \{\parallel_{n(n_i, n_j)}\}$

20     $T := T \cup \{\sigma_i\}$

21     $f_{\parallel n}(n_i, n_j) := \dfrac{|T|}{|L|}$

22   **if** $\forall n_i, n_j \in N$, such that $(n_i > n_j) \cap (n_j > n_i) \cap (n_i > n_i) \cap (n_j > n_j) \cap (n_i, n_j \in \sigma_i)$

23     $E := E \cup \{\parallel_{l(n_i, n_j)}\}$

24     $T := T \cup \{\sigma_i\}$

25     $f_{\parallel l}(n_i, n_j) := \dfrac{|T|}{|L|}$

2.3 基于事件结构的异构事件匹配方法研究

2.3.1 事件匹配的 A* 算法

事件匹配 $\mathbf{M}$ 的总数为 $l(l-1)(l-2)\cdots(l-m+1)$,其中 $l = \max(|\mathbf{N}_1|, |\mathbf{N}_2|)$,$m = \min(|\mathbf{N}_1|, |\mathbf{N}_2|)$。列举出所有可能的匹配并选择其中法向距离最大的匹配是非常耗时的做法。因此,本书采用 A* 算法来逐步构建最优匹配,并根据法向距离上它们的上界函数修剪其他匹配。在搜索算法中必须解决两个关键问题:①高效计算节点或边的实际值 $\delta(n_1, n_2)$(如果 $n_1 = n_2$,则 $\delta(n_1, n_2)$ 表示节点实际值;否则表示边的实际值),特别是交互约束边、互斥约束边的发生频率 $f(n_1, n_2)$;②有效地评估可能正确的匹配的上界估计值 $\delta(n_1, n_2)$。

A* 算法的过程遵循 A* 搜索树的生长(图 2-4)。树中的每个节点表示一个中间结果 (M, U_1, U_2),其中 M 是事件子集 $N_1 \setminus U_1$ 和 $N_2 \setminus U_2$ 上的当前匹配,U_1 是 N_1 中未匹配的事件(节点)集合,U_2 是 N_2 中未匹配的事件集合。在每个树节点上定义了两个非常重要的值 g 和 h。g 是当前匹配的法向距离,即 $g = D(M)$;h 是通过匹配 U_1 和 U_2 中剩余的事件而获得的法向距离的上界匹配值。因此,$g(\mathbf{M}, \mathbf{U}_1, \mathbf{U}_2) + h(\mathbf{M}, \mathbf{U}_1, \mathbf{U}_2)$ 作为从 M 扩展到所有可能的匹配的上界。

算法 2-2 给出了 A* 算法。第一步,捕获事件日志 L_1 和 L_2 中的所有事件约束(第 1~8 行)。第二步,在第 9 行添加 $(\varnothing, \mathbf{N}_1, \mathbf{N}_2)$ 作为搜索树的根。第 11 行遍历事件约束 W_1 以事件涉及的约束数目从多到少的顺序进行遍历。因此,第 12 行从 $\mathbf{U}_1$ 中选择最大数目约束的事件(用 n_{1k} 表示)进行匹配。第 13 行在每次迭代中选

择一个 $g+h$ 值最大的未被访问过的节点 $(\mathbf{M},\mathbf{U}_1,\mathbf{U}_2)$（最大上界 h）。第 14 行分别从 $\mathbf{U}_1$ 和 $\mathbf{U}_2$ 中删除 n_{1k} 及其对应的 $\mathbf{M}(n_{1k})$。如果 $\mathbf{U}_1$ 和 $\mathbf{U}_2$ 中的任意一个为空，则算法结束，得到最佳匹配 $\mathbf{M}$。之所以每次优先选择涉及约束数目最多的事件进行匹配，是因为 M 中往往越早匹配的事件，修剪其他映射的可能性就越大。

图 2-4 说明了 A^* 算法对图 2-1 中 L_1 和 L_2 之间匹配的应用实例。根据算法 2-2，在第一次迭代中创建了一个根节点 t_{n0}。为进一步匹配，从 $\mathbf{U}_1$ 中选择 D，因为 D 涉及 6 个约束。对于每个节点 $n \in \mathbf{U}_2$，我们添加一个 t_{n0} 的子节点，它将 $A \rightarrow n$ 添加到 $\mathbf{M}$。假设 t_{n4} 当前是具有最大 $g+h$ 分数的节点。在第二次迭代中，访问 t_{n4} 并生成其子节点 $t_{n9} \sim t_{n15}$。经过多次迭代后，当 $\mathbf{U}_1$ 为空时到达 t_{nx}。将 t_{nx} 的匹配 $\mathbf{M}$ 作为最佳匹配结果返回。无须访问 A^* 搜索树中其他未访问的节点，因为其法向距离的上限不超过 t_{nx} 的法向距离。

根据 $g(\mathbf{M},\mathbf{U}_1,\mathbf{U}_2)$ 的定义，即

$$g(\mathbf{M}',\mathbf{U}_1',\mathbf{U}_2') = g(\mathbf{M},\mathbf{U}_1,\mathbf{U}_2) + \sum_{n_1,n_2 \in \mathbf{U}_1} \Delta(n_1,n_2) \qquad (2-2)$$

算法 2-2 事件匹配的 A^* 算法

输入：事件日志 L_1 和 L_2 以及它们的事件集合 N_1 和 N_2
输出：具有最大法向距离的最优匹配 M

1:   $W_1 \leftarrow \emptyset$
2:   $W_2 \leftarrow \emptyset$
3:   **for** 每个轨迹 $\sigma_k^1 \in L_1$
4:     **if** 任意一对事件 $n_{1i}, n_{1j} \in N_1$ 上存在约束 c
5:       $W_1 = \{n_{1i}, n_{1j}, c\}$
6:   **for** 每个轨迹 $\sigma_k^2 \in L_2$
7:     **if** 任意一对事件 $n_{2i}, n_{2j} \in N_2$ 上存在约束 c
8:       $W_2 = \{n_{2i}, n_{2j}, c\}$
9:   $Q := \{(\emptyset, N_1, N_2)\}$
10: **for** 每个约束 $w_{1i} \in W_1$
11:    **if** $n_{1k} \in U_1$，n_{1k} 为涉及约束最多的事件
12:      $(M', U', U_1') := \arg\max_{(M^i, U_1^i, U_2^i) \in Q} g(M^i, U_1^i, U_2^i) + h(M^i, U_1^i, U_2^i)$
13:      $Q := Q \setminus \{(M', U_1', U_2')\}$
14:   **until** $U_1 = \emptyset$ 或 $U_2 = \emptyset$
15: **return** M

为进一步计算法向距离的上界 $h(\mathbf{M}', \mathbf{U}'_1, \mathbf{U}'_2)$，需考虑事件结构中的所有剩余未匹配的节点和边。式(2-3)为 $\delta(n_1, n_2)$ 的上界 $\Delta(n_1, \mathbf{U}_2)$ 函数(正式定义见 2.3.2 节中的问题 2-2)。

$$h(\mathbf{M}', \mathbf{U}'_1, \mathbf{U}'_2) = \sum_{n_1 \in U_1} \Delta(n_1, \mathbf{M}'(\mathbf{N}(n_1) \setminus \mathbf{U}'_1 \cup \mathbf{U}'_2)) \tag{2-3}$$

其中，$\delta(n_1, n_2)$ 的最大限界 1.0，因为每个节点或边对式(2-1)中法向距离贡献至多 1.0。

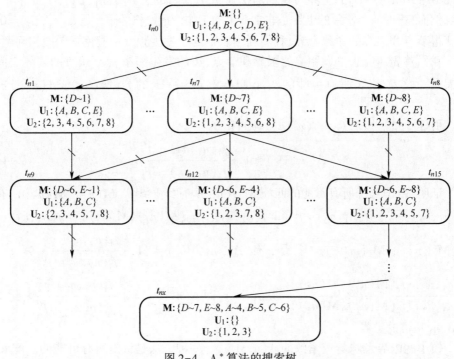

图 2-4　A* 算法的搜索树

算法时间复杂度分析：首先，查找事件日志 L 中的所有事件约束并计算它们的发生频率，需要遍历 L 中每条迹线的每个事件。每条迹线的最大长度为 $|\mathbf{T}|$，那么 L 中事件可能的最大总数是 $|\mathbf{T}| \times |L|$。评估事件日志中节点和约束的时间复杂度是 $O(|\mathbf{T}| \times |L|)$。最坏的情况 A* 搜索树完全扩展到其所有叶节点后($\mathbf{U}_1 = \varnothing$ 或 $\mathbf{U}_2 = \varnothing$)，将获得最优匹配。设 $n = \max(|\mathbf{N}_1|, |\mathbf{N}_2|)$，至多有 $n!$ 可能的匹配，即匹配所有的叶节点。在进行下一步匹配时，每个节点将被评估一次以计算函数 g 中的 $\delta(n)$，而估计函数 h 不需要评估事件日志。因此，算法 2-2 的时间复杂度为 $O(|\mathbf{T}| \times |L| \times |\mathbf{N}| \times n!)$。

2.3.2 紧致上界函数

本节研究 $\delta(n_1, n_2)$ 的估价函数 h 的更严格的上界,而不是简单地给定最大可能值 $\Delta = 1.0$。更紧致的上界能修剪掉 A^* 算法中更多的树节点。我们首先将上界 $\Delta(n_1, \mathbf{U}_2)$ 的问题正式化。

问题 2-2 (上界问题)。给定 L_1 中的事件 n_1 和 L_2 的一组事件 $\mathbf{U}_2 \subseteq \mathbf{N}_2$,任意匹配 $\mathbf{M}: \mathbf{N}(n_1) \to \mathbf{U}_2$ 的上界问题就是找到 $\delta(n_1, n_2)$ 的上界 $\Delta(n_1, \mathbf{U}_2)$。

然而,获得一个紧致的上界是非常棘手的工作。最严格的限界是 $\Delta(n_1, \mathbf{U}_2) = 0$。为获得节点和边缘的紧致上界,我们利用以下两个发生频率来避免子图同构问题。我们首先研究了法向距离的限界和节点、边的发生频率 $f(n_1, n_2)$ 的限界之间的关系。设 f_2^U 代表所有可能的匹配 $\mathbf{M}: \mathbf{N}(n_1) \to \mathbf{U}_2$ 的 $f_2(\mathbf{M}(n_1), \mathbf{M}(n_2))$ 的上界。

引理 2-1 如果 $f_2^U \leqslant f(n_1, n_2)$,则有

$$\Delta(n_1, \mathbf{U}_2) = 1 - \frac{f_1(n_1, n_2) - f_2^U}{f_1(n_1, n_2) + f_2^U} \tag{2-4}$$

证明:由于对于所有可能的匹配 $\mathbf{M}, f(n_1, n_2) \geqslant f_2^U \geqslant f_2(\mathbf{M}(n_1), \mathbf{M}(n_2))$,有 $|f(n_1, n_2) - f_2^U| = f(n_1, n_2) - f_2^U$ 和 $|f(n_1, n_2) - f_2(\mathbf{M}(n_1), \mathbf{M}(n_2))| = f(n_1, n_2) - f_2(\mathbf{M}(n_1), \mathbf{M}(n_2))$。于是,有 $\Delta(n_1, \mathbf{U}_2) = 1 - \frac{f_1(n_1, n_2) - f_2^U}{f_1(n_1, n_2) + f_2^U} \geqslant 1 - \frac{f_1(n_1, n_2) - f_2(\mathbf{M}(n_1), \mathbf{M}(n_2))}{f_1(n_1, n_2) + f_2(\mathbf{M}(n_1), \mathbf{M}(n_2))} = \delta(n_1, n_2)$,即 $\Delta(n_1, \mathbf{U}_2) = 1 - \frac{f_1(n_1, n_2) - f_2^U}{f_1(n_1, n_2) + f_2^U}$ 因此,δ 是 $\delta(n_1, n_2)$ 的上界。

较小的限界意味着更紧致的 $\Delta(n_1, \mathbf{U}_2)$。一种方法是针对所有可能的匹配 $\mathbf{M}$ 捕获每个 $\mathbf{M}(n_1)$,为每个 $\mathbf{M}(n_1)$ 计算 $f_2(\mathbf{M}(n_1), \mathbf{M}(n_2))$ 并使用最高的 $f_2(\mathbf{M}(n_1), \mathbf{M}(n_2))$ 作为 f_2^U。

根据引理 2-1,如果 $f_{\max}^U \leqslant f_1(n_1, n_2)$,我们可以得到一个更紧致的上界:

$$\Delta(n_1, \mathbf{U}_2) = 1 - \frac{f_1(n_1, n_2) - f_{\max}^U}{f_1(n_1, n_2) + f_{\max}^U} \tag{2-5}$$

我们计算图 2-1 中的 $\Delta(E, (7, 8))$。根据 L_1,得到节点 E 的发生频率 $f(E, E) = 0.5$,节点 7、8 中较大的发生频率 $f_{\max}^{(7,8)} = 0.2$。因此,$\Delta(E, \{7, 8\}) = 1 - \frac{0.5 - 0.2}{0.5 + 0.2} \approx 0.571$,即通过从 E 到 $\{7, 8\}$ 的可能匹配,计算 L_1 中的节点 F 对法向距离贡献至多 0.571。

2.3.3 事件匹配增量计算策略

由于无法保证之前的最优匹配 M_{old}，当前是否是最优的，M_{old} 和包含所有局部的匹配结果的队列 Q 提供了可用于简化和重计算新的最优匹配的重要信息。

针对不同场景我们提出两种增量计算策略。一种方法利用算法 2-2 中的队列 Q；另一种方法仅利用先前的最优匹配 M_{old}。

从 Q 继续执行 A^* 算法：当添加新的未匹配事件时，不必重新计算整个 A^* 搜索树。如图 2-4 所示，通过扩展 $Q(\{t_{n1}, t_{n8}, t_{n9}, t_{n16}\})$ 中的树节点可以获得任何可能的映射。重新计算已处理节点(已扩展的节点，如 t_{n0}、t_{n4} 和 t_{n13})的法向距离不是必需的。我们可以更新 Q 中节点的 g 和 h，并继续在 A^* 算法中搜索。我们也不需要为每个节点(M, U_1, U_2)重新计算 g 和 h。

当遇到新的最优匹配 M_{new} 与 M_{old} 具有相同的对应事件对的情况时，这种策略可以节省时间。然而，如果 M_{new} 偏离了 M_{old}，则需重新计算 g 和 h，并扩展 Q 中的节点，导致搜索效率降低。因此，我们为这种情况制定了另一种匹配策略。

通过先前的最优匹配重新修剪 A^* 算法：此方法再次从根节点实施 A^* 算法。利用先前最优的匹配更新的法向距离 $D'^N(M_{old}) = D^N(M_{old}) + \delta(n_x)$ 修剪 A^* 搜索树中的节点。当扩展一个新节点时比较 $g+h$ 和 $D'^N(M_{old})$，若 $g+h \leq D'^N(M_{old})$，则可以安全地修剪该节点(不再进一步扩展)，因为它不会再产生比先前的最优匹配更好的结果。

2.3.4 讨论

1. 本书方法的优缺点

匹配异构事件只是模式匹配问题中的一个子问题。除了事件数据的中事件名称不透明的特征，其他特征如事件错位、事件缺失等，可能会使数据集成变得更为复杂。为识别上述特征，需要一个系统的解决方案。本书研究基于事件间的若干二元关系解决异构事件匹配问题，或许能成为解决这一问题方案中的一部分。且 2.5 节中的实验结果也证明本书方法不依赖对事件数据的任何解释，也可将事件数据区分为"有意义"与"无意义"，并确定事件数据的最佳匹配，这些事件数据对整合有意义。由于依赖关系是事件日志唯一常见的外部表示，它们不能表示事件日志内部的一组事件或某些内部和基本约束的结构信息。本书方法能够全面反映事件日志中的外部和内部表示。毫无疑问，事件结构比依赖关系及事件模式更具区分度。更重要的是，我们以从事件日志中提取的工作流模型，而不是仅包含事件和依赖关系的有向图为背景开展异构事件匹配研究。因此,本书方法比现有方法更具一般性。总之,本书方法能够为用户有效缓解事件数据集成的工作负担。

然而,某些缺陷可能会限制本书方法的适用范围。本书方法只关注事件间 1∶1 的映射,并未考虑复合映射(如 $1:n$ 和 $n:m$ 映射),这在一定程度上限制了本书方法的使用范围。另一个缺陷是无法解决部分匹配的问题,即事件集合 N_1 中不是每个事件都必须在集合 N_2 中找到映射(假设 $|N_1| \leq |N_2|$)(基于模式的匹配技术也存在此缺陷),因为算法 2-2 是以 N_1 中的每个事件都在 N_2 中找到映射为算法终止条件。

2. 可扩展性和可用性

本书方法的时间复杂度在可接受的范围内。由于匹配的时间复杂度与输入事件日志中轨迹的数目和事件的数目是线性相关,匹配的速度不会像过程路由那样快速增长,如并行和循环路由,因此本书方法不会出现状态空间爆炸问题。所以,本书方法是具有可扩展性的。此外,我们编程开发了本书方法的原型工具,提供了一种自动识别异构事件间最佳匹配。我们有信心,该原型工具在处理大规模的数据集成问题上具有较强的可用性。

2.4 实验评估

我们的实验使用了来自真实工作流的一组事件日志。通过与基于依赖关系和基于模式的两种方法进行广泛的实验比较,旨在回答以下问题。

RQ1(准确性):本书方法能够找到异构事件日志之间的最优匹配吗?

RQ2(时效性):与上述两种方法相比,本书方法的搜索效率如何?

2.4.1 对比方法

本书选取了事件匹配领域最经典的两种算法与本书方法(event-structure-based approach,ESBA)进行比较。

(1)基于依赖关系的匹配方法(dependence-based approach,DBA):将轨迹中两个事件连续出现的频率为特征,通过搜索事件日志间所有可能的匹配,确定其中法向距离最大的匹配为最优匹配。但是依赖关系缺乏区分度,往往并不能找到正确的匹配。且 DBA 需要搜索所有可能的匹配,匹配效率很低。

(2)基于模式的匹配方法(pattern-based approach,PBA):采用具有上界函数的 A^* 搜索算法能够缩减搜索空间,从而高效地识别最优匹配结果。PBA 定义的事件模式比依赖关系更具有区分度,但是在面对具有较为复杂的事件结构时,找到的匹配结果可能也不准确。

我们将 ESBA 与 DBA 及 PBA 在同一平台和环境中进行实验,通过对比实验结果验证 ESBA 的准确性和时效性。

2.4.2 工具实现

我们编程实现了 ESBA 的原型工具,详细介绍请见第五章。它可以自动计算异构事件日志间的最优匹配值。由于 DBA 和 PBA 没有公开可用的工具,我们也实现了它们的自动化工具。3 种工具的输入和输出相同。输入是两个 XES 格式文件,即两组过程轨迹,每组轨迹代表具有不透明名称的事件序列;输出是最优匹配值和事件间的映射关系。

2.4.3 实验设置

1. 实验参与者

本书实验在南京理工大学计算机科学与工程学院开展,有 5 名研究生参与和实施,他们参加了名为"软件工程"的研究生课程。尽管他们对事件匹配并不了解,但拥有相似的技术背景并对工作流建模具有一定的知识储备和经验。他们的任务是将初始业务过程进行调整和构建生成其变体,并获得它们的异构事件日志。5 名研究生都接受了针对本实验的特定培训。

2. 数据集

为了回答 RQ1 和 RQ2,实验一共采用了 50 个实际业务过程。它们来自某军港岸勤保障系统的业务过程库。这些业务过程通过调整和构建生成其变体,即构建 50 对业务过程(每对由初始过程与其变体组成)。之所以这样做出于以下原因:①获得的异构事件日志并不满足本书的实验要求,是因为从候选事件日志中提取的过程模型需要在不同的工作流系统中具有相似的功能;②必须获得异构事件日志间的真实匹配作为参考标准。大部分事件日志涉及并行、选择和循环路由,每个进程包含至少 5 个事件和至多 50 个事件。我们利用 tracemaker 工具生成每对业务过程的异构事件日志。每个事件日志包含约 2000 个轨迹。我们从每对事件日志中随机选择相同数量的轨迹作为每次的输入。轨迹数目为 400、800、1200、1600 和 2000。由于每次选择输入的轨迹子集不同,匹配结果可能也会不同。

3. 实验标准

为评估不同的匹配方法的准确性,我们引入了具有公信力的评价公式 $F-$measure,它是由查准率和查全率函数构成的,已广泛应用于许多研究中。设"真实"集合 **truth** 表示事件日志间的实际的匹配,"发现"集合 **found** 表示被 3 种匹配方法识别的最优匹配结果：

$$\text{precison} = \frac{|\text{found} \cap \text{truth}|}{|\text{found}|}, \text{recall} = \frac{|\text{found} \cap \text{truth}|}{|\text{truth}|}$$

$$F-\text{measure} = 2 \times \frac{|\text{precision} \times \text{recall}|}{|\text{precision} + \text{recall}|}$$

此外，寻找最优匹配的效率是异构事件匹配问题非常重要的方面。因此，我们记录了3种方法搜索到最优匹配的时间开销，以供做时效性分析和比较。如果一种方法更准确（更符合实际匹配）并且效率更高，则该方法胜过其他方法。

4. 实验程序

本书实验分为两步：①训练和分组；②实验具体实施。在开展实验之前，对5名研究生进行培训。他们通过3h的课程接受以下3个方面的培训：①了解和掌握业务过程和异构事件日志的基本概念；②掌握调整和构建业务过程变体的简单方法和步骤；③掌握并会使用3种原型工具。培训完成之后，以完成课后任务的形式练习使用这些工具。

实验的具体实施可分为3个阶段。第一阶段，5名研究生调整和构建了每个初始业务过程的变体，从而获得50组相似的业务过程对，并记录每对过程的真实匹配，即truth集合；然后使用字母或数字替换每个过程中事件名称，使事件名称"不透明"。第二阶段，每个PNML格式的"不透明"事件名称的业务过程被输入tracemaker中，以生成异构事件日志。第三阶段，要求参与者使用3种方法的原型工具运行5个事件日志子集，并记录最优匹配值、事件间的映射关系及时间开销成本。

2.4.4 实验结果

1. 准确性分析

图2-5呈现了当事件轨迹的数目固定（轨迹数目为400、800、1200、1600和2000，分别对应图2-5(a)~(e)），事件的数目（X轴）不断变化时，3种方法识别最优匹配的准确性（Y轴）。从图2-5中可以看出，ESBA比DBA和PBA具有更高的准确性。此外，随着事件数目的增加，基于DBA的准确性迅速下降，ESBA的准确性却稳步提高。当事件的数目从5增加到25时，PBA的准确性在不断上升，但是当事件的数目从25增加到50时，准确性也下降。

图2-6呈现了在事件的数目固定（事件数目为10、20、30、40和50，分别对应图2-6(a)~(e)），事件轨迹的数目（X轴）不断变化时，3种方法识别最优匹配的准确性（Y轴）。图2-6表明3种方法的准确性随着轨迹数量的增加而不断增高，并且ESBA的准确性始终超过DBA和PBA。此外，当事件数目为10、20和30时，

ESBA 和 PBA 的准确性都很高且很接近;当事件数目为 40 和 50 时,ESBA 的准确性依然很高,但 DBA 和 PBA 的准确性出现较大下滑。

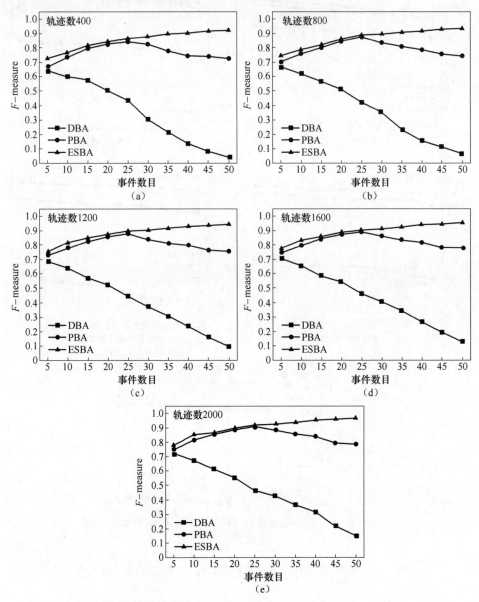

图 2-5 当轨迹数目固定,改变事件数目时,3 种匹配方法的准确性

总而言之,当事件日志中有更多轨迹和事件,ESBA 的准确性在增加。ESBA 相比 DBA 和 PBA 具有更高的准确性。因此,ESBA 提供的最优匹配结果比 DBA

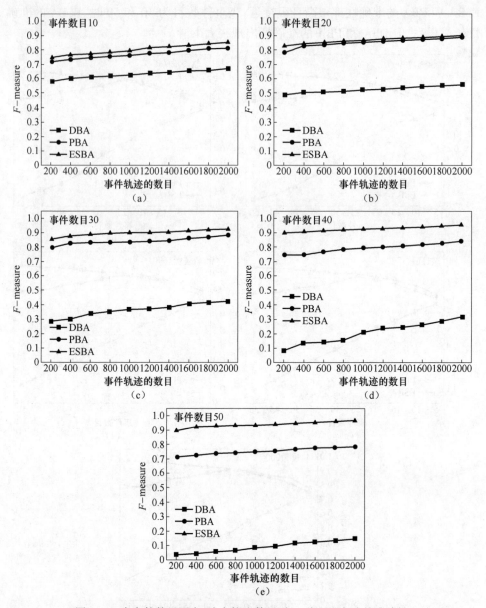

图 2-6 当事件数目固定,改变轨迹数目时,3 种匹配方法的准确性

和 PBA 更加可信,特别是当事件日志具有较大规模,且事件日志中含有较为复杂的路由(如并发、选择和循环路由同时存在于事件日志中)时。

2. 时效性分析

图 2-7 呈现了在轨迹和事件数目不断增加时,3 种方法识别最优匹配的时间

开销。由图 2-7 可知,3 种方法的时间成本随着事件和轨迹的数目而迅速增加。但 ESBA 在 3 种方法中匹配效率最高,PBA 的匹配效率又优于 DBA 的匹配效率。

由于 DBA 需要计算事件日志间所有可能的匹配值,即对搜索树进行全搜索,其时间成本远高于另外两种方法。PBA 的时间成本高于 ESBA,因为找到"好"的模式是一个较为耗时的工作,可能涉及子图同构问题。

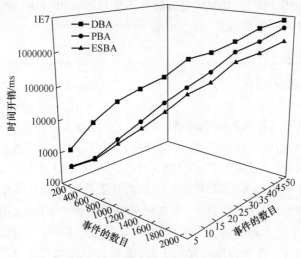

图 2-7　3 种匹配方法的时效性

2.4.5　效度威胁分析

1. 结构效度

本书实验可能会引入结构效度威胁,因为成对的相似的业务过程是通过人工合成,并生成异构事件日志,这与真实的情况不同。但是,这个威胁对本书实验结果影响并不大,其原因是:①业务过程调整和变化是按照过程重构的标准过程实施的,所涉及修改操作为添加、删除和移动;②考虑了事件和轨迹的规模及业务过程的结构特征。由这些业务过程对生成的异构事件日志包含生产实践中出现的所有可能的情况;③我们总共调整和构建了 50 对业务过程,进一步降低了这种威胁的可能性。

2. 内部效度

由于计算最优匹配值易出错,这会对内部效度产生威胁。尽管我们使用自动化的原型工具计算最优结果,但是如果输入的事件日志出现问题也会导致匹配结果错误。为减少此类型威胁,必须检查异构事件日志,舍弃掉那些存在事件缺失、事件错位、复合事件等特征的日志。这项任务由我们研究小组的两名成员完成,他们并没有直接参与本书实验。

3. 外部效度

为执行本书实验,我们使用了有限数量的真实与合成的业务过程来生成异构事件日志。具有争议性的是实验结果能否推广到其他异构事件日志中。由于分析事件约束的方法及事件类型是确定的,并且事件和事件约束的发生频率随着事件日志的规模增加趋于恒定,如果给定的异构事件日志可用,我们相信 ESBA 解决事件匹配问题是具有一般性的。

2.5 本章小结

解决异构事件数据匹配问题就是有效地识别异构事件日志中事件之间的对应关系。在本书中,事件日志中的事件及事件约束为匹配异构事件提供了研究的基础。由于事件名称"不透明",依赖识别元素中的语法相似性或语义相似性的技术是行不通的。除了依赖关系和事件模式,我们从工作流的视角提出了更具区分度的事件结构的概念。我们提出的一种先进的事件匹配 A^* 算法,用于加速识别最优匹配,并设计了一个紧密的上界函数,尽可能早地修剪掉非最优匹配,以提高匹配效率。我们实现了本书方法的原型工具,能够自动化地计算异构事件日志之间的最优匹配值。该原型工具的开发极大地减轻了事件数据集成人员的工作量。本书采用了真实和合成的数据集开展实验,实验结果表明,本书方法比现有的匹配方法准确性更高,紧致的上界设计可以在保持高匹配精度的同时,减少时间开销成本。

第3章
面向动态环境的服务组合业务过程间一致性度量研究

为保持面向动态环境下的信息系统基础架构与其业务需求一致,业务过程建模得到了越来越多的关注,以提升面向动态环境下的敏捷性和作战训练保障效能。一般来说,业务过程开发是一项知识密集型任务,因为它需要全面了解业务实践的各个方面,如业务逻辑和业务合作伙伴。因此,整个业务过程的开发需要面向动态环境下的业务部门和技术部门之间的合作,这通常会涉及不同利益相关方的参与,如业务分析师、系统分析师和软件开发人员。此外,业务过程还需适应用户需求和业务环境的频繁变动。为提高业务过程建模的效率,整个开发过程被分为3个阶段,每个阶段都会产生一种类型的业务过程。具体而言,面向业务的过程是在概念设计阶段开发的,这些概念设计与技术无关且易于被业务分析师理解。面向系统的过程是在逻辑设计阶段捕获任务模块和控制流逻辑。在物理设计阶段,通过考虑特定信息系统的技术性来开发面向信息系统的业务过程。由于这些过程面向的对象和设计的初衷不同,往往会选择不同的建模语言来描述。概念过程建模领域的一些流行的建模语言包括图形编辑距离、i*模型和依赖网络图(DND)。对于逻辑过程建模,重要的建模语言包括 Petri 网、BPM 和 EPC。在数据感知设计阶段产生的数据感知过程是应用于信息系统平台上具体执行的,可由多种脚本语言编程,如 BEPL、BPML 和 XPDL,每种脚本语言编写的过程都是数据感知过程表达方式之一。在数据感知过程建模领域,统一建模语言(UML)活动图、CPN 和 BPMN 等被认为是该领域较为常用的建模语言。由于不同抽象层次的业务过程在各自的设计开发阶段缺乏必要的沟通和交流,往往会产生不一致。因此,需要一种有效度量不同抽象层次的业务过程间一致性的方法,不仅能验证两个过程模型是否一致,还可以计算这些业务过程间的一致性程度。

分析不同抽象层次的业务过程间的一致性面临诸多挑战。在建模实践中,概念模型将业务需求的所有必要信息可视化。逻辑模型是在相应的概念模型上开发的,包含控制流逻辑。数据感知模型涵盖了在信息系统中具体实施的所有必要方面,可被直接编排和执行。由于业务过程任务和语义的巨大差异,难以直接衡量概念过程与数据感知过程间的一致性程度。因此,我们分别度量了概念过程与逻辑过程间的一致性,以及逻辑过程与数据感知过程间的一致性。我们认为当且仅当来自两个业务过程的所有对应事件对的事件约束一致时,两个业务过程才被视为一致。

问题 3-1 不同抽象层次的业务过程一致性度量问题。给定两个不同抽象层次的业务过程,一致性问题就是计算这两个业务过程的所有对应事件间事件约束的匹配程度。

许多研究致力于解决业务过程间一致性问题,主要分为两类:定量的方法和定性的方法。定性的方法通常采用互模拟和轨迹等价来评估一致性,并给出一个是或否的答案(一致或不一致)作为分析结果,导致无法区分两个过程是轻微不一致还是完全不一致。在定量的方法中,典型行为和行为侧画已被广泛使用。前者利用轨迹(事件执行的序列)作为最小粒度,但评估标准比较严格,即两个过程的所有轨迹完全一致,两个过程才一致。基于行为侧画的方法能够在 0~1.0 范围内量化业务过程间的一致性。然而,该方法仅关注于业务过程的执行顺序,而忽略了业务过程的数据流。此外,它只分析了用 Petri 网描述的业务过程间的一致性。因此,在解决跨不同抽象层次的业务过程间一致性问题时,可能会遇到诸多限制,如数据流、不同建模语言描述的业务过程等。受行为侧画概念的启发,本书探讨了不同抽象层次上业务过程的共同特征即事件约束(事件间的几种二元关系),定量地衡量一致性。

业务过程间一致性度量的主要挑战来自不同抽象层次的业务过程间的异构性,这是由于不同抽象层次的业务过程往往是用不同的建模语言构建的。于是产生了一个棘手的问题,即如何利用统一的标准来刻画这些过程中的内在特征;另一个挑战是一致性度量,它是一个费时且易出错的工作,需要一个自动化的软件工具量化一致性程度;最后一个挑战是如何验证本书方法的准确性和时效性,这需要开展大量的实验。

3.1 业务过程模型化

3.1.1 业务过程模型化

将业务过程建模任务分为 3 个阶段(概念、逻辑和数据感知)具有以下优势。首先,概念建模阶段建立的概念过程可以在逻辑建模阶段被重复使用。类似地,逻辑过程可以被不同的工作流系统使用。其次,通过从概念过程到逻辑过程的转换,再到数据感知过程,我们可以轻松将业务过程需求的变化映射到信息系统实现中。

1. 概念过程

开发一个概念过程即定义过程应该成为什么样子，从而产生一个特定模型。在概念过程中有4个关键结构：①一组目标，其中每个都是一个合适的目标；②一套职能单元，其中每个单元都是提供实现目标所必需的物质或信息资源的手段或程序；③一组角色，其中每个角色都是一系列行动、义务、观点和其他关注点；④所有职能部门之间的依赖关系，由后勤、财务、信息或管理关系组成。

2. 逻辑过程

根据概念过程的业务需求，构建了逻辑过程来实现概念过程。通过特定工作流技术构建了概念过程的控制流逻辑，但很少关注数据交互。逻辑过程的开发通常需要有关任务和业务过程的路由条件等详细信息。在逻辑过程中确定了两个关键结构：①任务是一个单独的可实现的模块；②控制流是任务之间的执行序列。

在逻辑过程中，逻辑任务通常是通过功能单元的分解而获得的，而控制流应该符合概念过程的依赖关系。为支持工作流系统设计，逻辑过程应该提供比概念过程更详细的信息，其中执行逻辑也应该被明确地指定。

3. 数据感知过程

一旦选择了信息系统，可以执行基于逻辑过程由不同脚本语言编写的数据感知过程。作为机器级语言（如 BPEL）的数据感知过程可以由信息系统编排和组织。它主要确定了两个概念：①事件是执行特定任务的程序；②约束是一对事件中的基本行为关系。

3 种类型的业务过程可从以下几个方面区分：①构建模型的目的；②构建模型人员；③不同的抽象层次。具体而言，通常使用概念过程来演示信息化保障系统中的通用业务需求。它经常反映关于应用领域的知识，而不是工作流系统的实施。由于 DND 的简单性和易表达性，它更多时候作为概念过程的建模语言。逻辑过程通常用于定义工作流技术的具体要求，可实现逻辑形式化和验证，并且明确规定了软件模块及其行为模式。由于 Petri 网具有丰富的验证技术，它可以更好地实现逻辑过程建模。数据感知过程作为一种软件服务，考虑了面向的信息系统的特点。它能呈现出更多的具体信息，如输入和输出变量等。基于 UML 活动图在可视化方面的优势，我们选择它作为数据感知过程的建模语言。逻辑过程弥合了概念过程与数据感知过程之间的鸿沟，有助于业务分析师、系统设计师与软件开发员之间更好地理解和沟通。

3.1.2 启发式案例

给定两个过程的事件间的映射集合，可以解决对齐的业务过程间一致性问题。受垂直和水平过程集成概念的启发，我们根据业务过程的抽象层次来区分垂直对齐与水平对齐。不同抽象层次的业务过程通常会导致垂直对齐。但是,垂直对齐与水平对齐并不影响一致性度量结果。图 3-1 中的某基地后勤采购系统中的业务过程作为激励本书方法的实例。我们将用 DND、Petri 网和 UML 活动图分别描述 3 种类型的业务过程。

图 3-1 展示了 3 种类型的业务过程,它们描述了后勤采购流程。基于第 2 章提出的异构事件匹配技术,我们已掌握了 3 个过程事件间的匹配关系。图 3-1(P_1) 作为概念过程描述了后勤管理人员发出订购后勤物资请求到采购任务结束的各个环节的基本配置。其目的是提供主要功能单元的直观概览。图 3-1(P_2) 基于图 3-1(P_1) 中的业务需求开发,描述了使用特定的工作流技术实现概念过程所需的业务过程逻辑。在上下文中,工作流技术是基于消息或事件的技术。图 3-1(P_3) 更细粒度地描述了物资订购流程。本书选择 BPEL 作为数据感知过程的描述语言,因为它是以服务为基础描述数据感知过程的一种流行标准。BPEL 过程中的 <invoke><receive><assign> 等表示事件类型。BPEL 过程并不是将注意力集中在人为地完成上述任务,而是从支持信息系统的角度开展物资订购服务,即通过调用的服务和信息系统提供的功能来实现。因此,P_1 被认为是 P_2 的高层抽象模型,P_3 是对 P_2 的具体软件设计。异构事件(功能单元或任务)之间的对应关系已用双向实线标出。

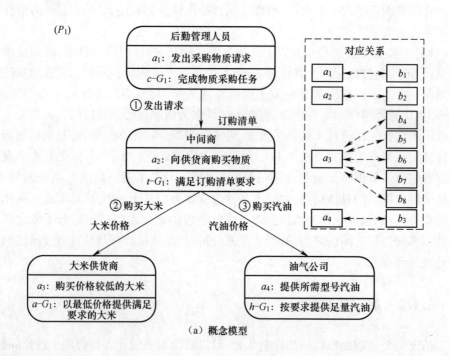

(a) 概念模型

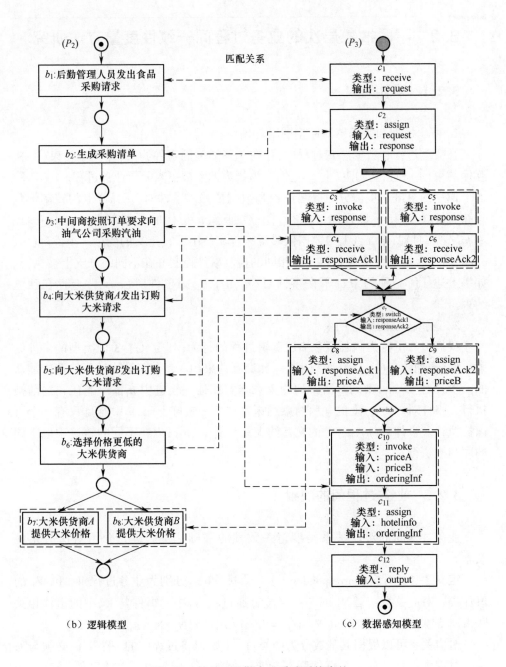

图 3-1 某基地后勤食品采购系统中的
概念过程、逻辑过程和数据感知过程

3.2 不同抽象层次的业务过程间一致性度量方法研究

3.2.1 事件约束

1. 概念模型和数据感知模型的事件约束

在概念过程和数据感知过程中,存在3种类型的事件约束,即偏序约束(→)、互斥约束(+)和独立约束($\|$)。它们作为行为抽象被引入分析业务过程。

偏序约束进一步被分为控制依赖和数据依赖。事件对(n_i, n_j)上的控制依赖意味着n_i决定着n_j是否能被执行。一般而言,n_i指代的是控制事件,如<*if*>或<*while*>。事件对(n_i, n_j)上的数据依赖意味着n_j使用了n_i定义的变量。事件对(n_i, n_j)上的互斥约束意味着n_i和n_j由相同的控制事件控制并在不同的分支上被执行。如果上述任何一种约束都不在事件对(n_i, n_j)上,则事件对(n_i, n_j)上存在独立约束。

2. 逻辑模型的事件约束

我们引入了行为侧画概念描述逻辑过程的行为,其定义了3种类型的事件约束:严格序列约束(→)、互斥约束(+)和交互约束($\|$)。它们是从过程轨迹中捕获的。事件对(n_i, n_j)上的严格序列约束意味着在任一轨迹中n_j都不能在n_i之前被执行。事件对(n_i, n_j)上的互斥约束意味着在任一轨迹上n_i、n_j中有且只有一个可以被执行。事件对(n_i, n_j)上的交互约束意味着n_i、n_j可以在不同的轨迹中以不同的序列被执行。

3.2.2 业务过程间的映射

业务过程间的对应关系是度量一致性的基础。我们首先介绍对应关系的概念。

定义3-1 对应(correspondence)。设$\mathbf{N}_1$和$\mathbf{N}_2$分别为业务过程W_1和W_2的事件集。对应关系$\sim \subseteq \mathbf{N}_1 \times \mathbf{N}_2 (\sim \neq \varnothing)$通过将$W_1$中的事件与$W_2$中的事件相关联来对齐$W_1$和$W_2$,即$\mathrm{Map}(W_1, W_2) = \{(n_{1i}, n_{2k}) \in \mathbf{N}_1 \times \mathbf{N}_2 | n_{1i} \sim n_{2k}\}$。

对应关系可以根据其基数分为两类:1:1映射将过程中的一个事件必须与另一个过程中有且只有一个事件联系起来。例如,图3-1(P_1)中的事件a_1对应于图3-1(P_2)中的事件b_1,即$a_1 \sim b_1$。一个复杂的$n:m$映射是定义在一组事件上。1:n映射是复杂映射的特殊情况。例如,图3-1(P_2)中的事件b_3对应于图3-1

(P_3)中的两个事件c_{10}和c_{11},即$b_3 \sim c_{10}$和$b_3 \sim c_{11}$。

我们利用对应关系能够通过一个过程中的事件追踪到另一个过程(第一个过程的变种)中的事件。业务过程可以通过精化(refinement)、抽象(abstraction)及扩展(extention)、约减(reduction)进行演化。精化意味着详细具体地描述业务过程,而抽象会导致业务过程被抽象和简练地描述。扩展指代向业务过程中添加新的事件,而约减意味着删除一些非必要的事件。而且精化和抽象的概念是具有方向性的,如从概念过程到逻辑过程为精化。反过来,从逻辑过程到概念过程为抽象。将上述几个概念与对应关系、业务过程建模联系起来能够致力于构建不同抽象层次的业务过程。其中,复杂的对应关系意味着一个事件在语义上等同于一组事件,这也可被看作对事件的精化。

业务过程间的对齐意味着两个过程间存在一组对齐的事件。对齐的程度衡量着业务过程匹配的质量,我们仅考虑那些存在对应关系的事件。因此,根据业务过程W_1和W_2的映射$\text{Map}(W_1, W_2)$,对齐事件集合能被定义。

定义 3-2 对齐事件集(Aligned Event Set)。设$\text{Map}(W_1, W_2)$是业务过程W_1和W_2间对应关系。W_1的对齐事件集合$\mathbf{N}_1^\sim \subseteq \mathbf{N}_1$被定义为$\mathbf{N}_1^\sim = \{n_{1i} \in \mathbf{N}_1 \mid \exists n_{2k} \in \mathbf{N}_2, [(n_{1i}, n_{2k}) \in \text{Map}(W_1, W_2)]\}$。$W_2$的对齐事件集合$\mathbf{N}_2^\sim \subseteq \mathbf{N}_2$的定义类似。

根据W_1和W_2的映射$\text{Map}(W_1, W_2)$中$\mathbf{N}_1^\sim$和$\mathbf{N}_2^\sim$的定义,我们可以进一步定义对齐事件对集合$A\mathbf{N}_1^\sim$和$A\mathbf{N}_2^\sim$的概念,其中每个对齐的事件对由两个对齐的事件组成。

定义 3-3 对齐事件对集合(Aligned Event Pair Sets)。设$\text{Map}(W_1, W_2)$是业务过程W_1和W_2之间的对应关系。W_1的对齐事件对集合$A\mathbf{N}_1^\sim \subseteq \mathbf{N}_1^\sim \times \mathbf{N}_1^\sim$被定义为$A\mathbf{N}_1^\sim = \{(n_{1i}, n_{1j}) \in \mathbf{N}_1^\sim \times \mathbf{N}_1^\sim \wedge n_{1i} \neq n_{1j} \mid \exists (n_{2k}, n_{2l}) \in \mathbf{N}_2^\sim \times \mathbf{N}_2^\sim [(n_{1i}, n_{2k}), (n_{1j}, n_{2l}) \in \text{Map}(W_1, W_2)]\}$。

W_2的对齐事件集合$A\mathbf{N}_2^\sim \subseteq \mathbf{N}_2^\sim \times \mathbf{N}_2^\sim$的定义类似。

当$n_{1i} \neq n_{1j}$,事件对(n_{1i}, n_{1j})表示两个不同的对齐事件,它们之间存在某种事件约束。当$n_{1i} = n_{1j}$,事件对(n_{1i}, n_{1i})指代事件n_{1i}本身。关于图 3-1(P_2)与(P_3)中的场景,(P_2)与(P_3)间的映射$\text{Map}(P_2, P_3)$已给定,即$\{(b_1, c_1), (b_2, c_2), (b, c_{10}), (b_3, c_{11}), (b_4, c_3), (b_4, c_4), (b_5, c_5), (b_5, c_6), (b_6, c_7), (b_7, c_8), (b_8, c_9)\}$。它们的对齐事件集合能被识别,即$\mathbf{N}_2^\sim = \{b_1, b_2, b_3, b_4, b_5, b_6, b_7, b_8\}$、$\mathbf{N}_3^\sim = \{c_1, c_2, c_3, c_4, c_5, c_6, c_7, c_8, c_9, c_{10}, c_{11}\}$。值得注意的是,图 3-1($P_3$)中的事件$c_{12}$在图($P_2$)中没有对应。根据$\mathbf{N}_2^\sim$和$\mathbf{N}_3^\sim$,能进一步得到对齐事件对集合$A\mathbf{N}_2^\sim$和$A\mathbf{N}_3^\sim$,如$A\mathbf{N}_2^\sim$中的$(b_1, b_2)$与$A\mathbf{N}_3^\sim$中的$(c_1, c_2)$对齐,且$(b_2, b_3)$与$(c_2, c_{10})$、$(c_2, c_{11})$对齐。此外,每个对齐事件对中只存在一种类型的事件约束,如(b_1, b_2)上存在数据

依赖,而(b_1,b_2)的对应事件对(c_1,c_2)上也存在相同的约束。

3.2.3 基于事件约束的业务过程间一致性度量方法

本书将一致性问题转化为事件约束匹配问题,即一致性的概念是以保存的对应事件对上的事件约束是否映射为基础的。而且,这种映射关系必须是单射的。相反,1∶n 映射也被允许。

1. 一致性度量标准

为了衡量两个对齐的业务过程的行为的匹配质量,需要定义两组一致事件对。为从两个过程的对齐事件对集合中分别识别出一致事件对集合,通过以下规则来匹配两个对齐事件对上的事件约束。

定义 3-4 事件约束对应(correspondences between event constraint)。逻辑过程的对齐事件对(n_{1i},n_{1j})与概念过程或数据感知过程的对齐事件对(n_{2i},n_{2j})被认为是一致的,当且仅当以下条件中的一个被满足。

(1) (n_{1i},n_{1j})中存在严格序列约束($\rightarrow$),且(n_{2i},n_{2j})中存在偏序约束($\rightarrow$);

(2) (n_{1i},n_{1j})中存在逆严格序列约束($\rightarrow^{-1}$),且(n_{2i},n_{2j})中存在逆偏序约束($\rightarrow^{-1}$);

(3) (n_{1i},n_{1j})中存在互斥约束(+),且(n_{2i},n_{2j})中也存在互斥约束(+);

(4) (n_{1i},n_{1j})中存在交互约束($\parallel$),且(n_{2i},n_{2j})中存在交互约束($\parallel$)。

事件约束$\rightarrow$、+和$\parallel$是互斥的,且$\rightarrow$、$\rightarrow^{-1}$、+和$\parallel$将$N\times N$分割。设$\Re_1,\Re_2 \in \{\rightarrow,\rightarrow^{-1},+,\parallel\}$,$\Re_1,\Re_2$分别表示两个事件对上的事件约束。于是一致事件对集合被定义。

定义 3-5 一致事件对集合(consistent event pair sets)。设 $\text{Map}(W_1,W_2)$是业务过程W_1和W_2之间的对应关系。W_1的一致事件对集合$CN_1^\sim \subseteq \mathbf{N}_1^\sim \times \mathbf{N}_1^\sim$被定义为
$CN_1^\sim = \{(n_{1i},n_{1j}) \in A\mathbf{N}_1^\sim | \exists (n_{2k},n_{2l}) \in A\mathbf{N}_2^\sim \land (n_{1i},n_{2k}) \in \text{Map}(W_1,W_2) \land (n_{1j},n_{2l}) \in \text{Map}(W_1,W_2) \land n_{1i}\Re_1 n_{1j} \land n_{2k}\Re_2 n_{2l},[\Re_1=\Re_2]\}$。

W_2的一致事件对集合$CN_2^\sim \subseteq \mathbf{N}_2^\sim \times \mathbf{N}_2^\sim$的定义类似。

如图 3-1(P_2)和(P_3)所示,一些对应的对齐事件对上的事件约束是不一致的,如图 3-1(P_2)中对齐事件对(b_3,b_7)上的事件约束是交互约束($\parallel$),而图 3-1(P_3)中(b_3,b_7)对应的对齐事件对(c_8,c_{10})、(c_8,c_{11})上的事件约束是数据依赖($\rightarrow$)。由于事件间的数据信息具有可传递性,因此数据依赖也应存在于输入、输出变量间接使用的事件之间,如图 3-1(P_3)中的(c_1,c_2)和(c_2,c_3)上存在数据依赖,则(c_1,c_3)上也存在数据依赖。于是获得过程(P_2)和(P_2)中的一致事件对集合$CN_2^\sim$和$CN_3^\sim$。因此,两个业务过程的所有一致事件对数目与对齐事件对数目的

比值可以作为衡量一致性的标准。

定义 3-6 业务过程间的一致性。设 $\mathrm{Map}(W_1,W_2)$ 是业务过程 W_1 和 W_2 之间的映射。W_1 和 W_2 间的一致性为

$$PC^{\sim}_{\mathrm{Map}(W_1,W_2)} = \frac{|CN_1^{\sim}| + |CN_2^{\sim}|}{|\mathbf{N}_1^{\sim} \times (\mathbf{N}_1^{\sim} - 1)| + |\mathbf{N}_2^{\sim} \times (\mathbf{N}_2^{\sim} - 1)|} \tag{3-1}$$

式中：$CN_1^{\sim}$、$CN_2^{\sim}$、$AN_1^{\sim}$ 和 $AN_2^{\sim}$ 分别为 W_1 和 W_2 中一致事件对集合与对齐事件对集合。

由于一致性度量标准将每种类型的事件约束都视为同等重要，因此，假设每个事件约束的权重都是相同的。显然，业务过程间的一致性程度量化的是事件约束的匹配质量。由于 $CN_1^{\sim} \subseteq AN_1^{\sim}$ 和 $CN_2^{\sim} \subseteq AN_2^{\sim}$，因此 $0 \leqslant PC^{\sim} \leqslant 1.0$。一致性程度等于 1.0 意味着对于两个业务过程中的所有对应的对齐事件对，事件约束都是匹配的。一旦一致性程度低于 1.0，就需要找出业务过程间的不一致之处。

2. 时间复杂度分析

给定一个合理的业务过程模型，获得所有事件约束的时间复杂度为 $O(|n^3|)$，其中 n 为模型的事件数。为了识别两个过程的一致事件对，每个过程的对齐事件对（总数为 $|n \times n|$，其中 n 为事件数量）都需要与另一个过程的所有对齐事件对（总数 $|m \times m|$，其中 m 为事件数量）做比较，即识别一致事件对的复杂度为 $O(|n^2 \times m^2|)$。因此，度量业务过程间一致性的最大时间复杂度为 $O(|n^3| \times |n^2 \times m^2|)$。

3.2.4 业务过程间不一致情形分析

业务过程间的不一致表现在两个对应的对齐事件对上具有不同的事件约束。评估不一致的必要性在于这些信息能够直接提供给过程开发人员做进一步改进和调整。为了验证本书方法的优劣，我们引入了基于行为侧画的方法进行比较，该方法也能够定量的评估逻辑过程间的一致性。本书主要分析了两种不一致的场景对两种方法产生的一致性结果的影响。图 3-2 展示了这两种场景。其中，数据感知过程 (P_2) 中的事件 c_2、c_3 的位置被互换演化出过程 (P_3)；(P_2) 中的事件 c_2、c_4 之间的数据流被删除而演化出过程 P_4。

1. 业务过程间的控制流差异

命题 3-1 设 $\mathrm{Map}(W_1,W_2)$ 是业务过程 W_1 和 W_2 之间的对应关系，(n_{1i},n_{2k})，$(n_{1j},n_{2l}) \in \mathrm{Map}(W_1,W_2)$。给定 $PC_{\mathrm{Map}(W_1,W_2)} = PB_{\mathrm{Map}(W_1,W_2)} = 1.0$。假设 W_2' 是 W_2 的一个变种，两者具有相同的事件集合 $\mathbf{N}_2$、$\mathbf{T}_2$ 和 $\mathbf{T}_2'$ 分别是 W_2 和 W_2' 的轨迹集合。如果 $\forall t_x = n_{21}n_{22}\cdots n_{2(k-1)}n_{2k}n_{2(k+1)}\cdots n_{2(l-1)}n_{2l}n_{2(l+1)}\cdots n_{2m} \in \mathbf{T}_2, 2 \leqslant k < l \leqslant m-$

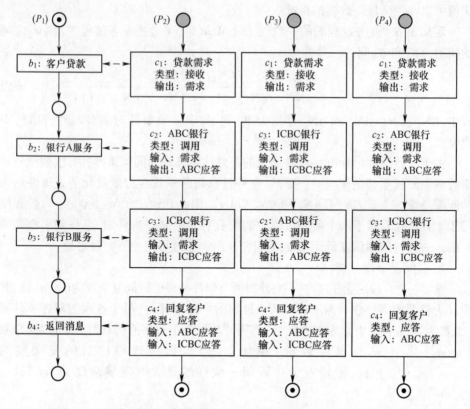

图 3-2 工程贷款服务的逻辑过程(P_1)和数据感知过程(P_2)、(P_3)和(P_4)

1,$\exists t_y \in \mathbf{T}_2'$,使得 $t_y = n_{21}n_{22}\cdots n_{2(k-1)}n_{2l}n_{2(k+1)}\cdots n_{2(l-1)}n_{2k}n_{2(l+1)}\cdots n_{2m}$,并且 n_{2k}、n_{2l} 被同一控制事件所控制,则 $0 < PB_{\mathrm{Map}(W_1, W_2')}^{\sim} < PC_{\mathrm{Map}(W_1, W_2')}^{\sim} = 1.0$。

证明:由于 W_2' 是 W_2 的一个变种,两者具有相同的事件集合 $\mathbf{N}_2$,因此 $\mathrm{Map}(W_1, W_2) = \mathrm{Map}(W_1, W_2')$。由于 $t_x = n_{21}n_{22}\cdots n_{2(k-1)}n_{2k}n_{2(k+1)}\cdots n_{2(l-1)}n_{2l}n_{2(l+1)}\cdots n_{2m} \in \mathbf{T}_2$ 和 $\exists t_y = n_{21}n_{22}\cdots n_{2(k-1)}n_{2l}n_{2(k+1)}\cdots n_{2(l-1)}n_{2k}n_{2(l+1)}\cdots n_{2m}, \in \mathbf{T}_2'$,于是 (n_{1i}, n_{1j}) 上 $\Re_{b1} = \rightarrow$ 和 (n_{2k}, n_{2l}) 上 $\Re_{b2} = \rightarrow^{-1}$,以至于 $0 < PB_{\mathrm{Map}(W_1, W_2')}^{\sim} < 1.0$。然而,$(n_{1i}, n_{1j})$ 上 $\Re_{e1} = \parallel$ 和 (n_{2k}, n_{2l}) 上 $\Re_{e2} = \parallel$。而且 n_{2k}、n_{2l} 被同一控制事件所控制,所以 $\forall (n_{1p}, n_{2q}) \in \mathrm{Map}(W_1, W_2'), n_{1p} \neq n_{1i}, n_{1p} \neq n_{1j}, n_{2q} \neq n_{2k}, n_{2q} \neq n_{2l}$, (n_{1i}, n_{1p}) 或 (n_{1j}, n_{1p}) 上 $\Re_{e1}$ 与 (n_{2k}, n_{2q}) 或 (n_{2l}, n_{2q}) 上 $\Re_{e2}$,因此 $PC_{\mathrm{Map}(W_1, W_2')}^{\sim} = 1.0$。$0 < PB_{\mathrm{Map}(W_1, W_2')}^{\sim} < PC_{\mathrm{Map}(W_1, W_2')}^{\sim} = 1.0$ 得证。

比较图 3-2 中(P_1)与(P_2)及(P_1)与(P_3),本书方法识别的逻辑过程(P_1)与数据感知过程(P_2)之间的事件约束及(P_1)与(P_3)之间的事件约束都是完全一致的,即

$$PC_{\widetilde{\text{Map}}(P_1,P_2)} = PC_{\widetilde{\text{Map}}(P_1,P_3)} = 1.0$$

同样地,基于行为侧画的方法推断出(P_1)和(P_2)的行为侧画也是完全一致的,即$PB_{\widetilde{\text{Map}}(P_1,P_2)} = 1.0$。由于$(P_3)$中的事件$c_2$和$c_3$的位置互换,$(c_2,c_3)$上的事件约束与$(P_1)$中相应的事件对$(b_2,b_3)$上的事件约束是不同的,即$b_2 \to b_3$,但是$c_2 \to^{-1} c_3$。因此,该方法计算$(P_1)$和$(P_3)$之间的一致性程度为

$$PB_{\widetilde{\text{Map}}(P_1,P_3)} = \frac{|12-2|+|12-2|}{|4\times(4-1)|+|4\times(4-1)|} \approx 0.833$$

总而言之,本书方法对改变事件的执行序列而引起的差异可能并不敏感,即此类型的差异不会影响本书方法度量的一致性结果,但会严重削弱基于行为侧画的方法计算的一致性值。

2. 业务过程间的数据流差异

命题 3-2 设 $\text{Map}(W_1,W_2)$ 是业务过程 W_1 和 W_2 之间的对应关系,(n_{1i},n_{2k}) $(n_{1j},n_{2l}) \in \text{Map}(W_1,W_2)$。给定 $PC_{\widetilde{\text{Map}}(W_1,W_2)} = PB_{\widetilde{\text{Map}}(W_1,W_2)} = 1.0$。假设 W_2' 是 W_2 的变种,两者具有相同的事件集合 $\mathbf{N}_2$、$\mathbf{T}_2$ 和 $\mathbf{T}_2'$ 分别是 W_2 和 W_2' 的轨迹集合。如果 $\mathbf{T}_2 = \mathbf{T}_2'$,$W_2$ 中 (n_{2k},n_{2l}) 上 $\Re_{e2} = \to$,但是 W_2' 中 (n_{2k},n_{2l}) 上 $\Re_{e2} = \|$,那么 $0 < PC_{\widetilde{\text{Map}}(W_1,W_2')} \cdot < PB_{\widetilde{\text{Map}}(W_1,W_2')} = 1.0$。

证明:由于 $\mathbf{T}_2 = \mathbf{T}_2'$,$W_2$ 和 W_2' 的行为侧画完全相同,则 $PB_{\widetilde{\text{Map}}(W_1,W_2')} = 1.0$。考虑到 W_2 中 (n_{2k},n_{2l}) 上 $\Re_{e2} = \to$,但 W_2' 中 (n_{2k},n_{2l}) 上 $\Re_{e2} = \|$,则 $0 < PC_{\widetilde{\text{Map}}(W_1,W_2')} < 1.0$。因此,$0 < PC_{\widetilde{\text{Map}}(W_1,W_2')} < PB_{\widetilde{\text{Map}}(W_1,W_2')} = 1.0$。

在本书方法中,图 3-2 中的(P_1)中(b_3,b_4)上的数据依赖$(\to)$被转换为(P_4)中相应的(c_3,c_4)上的独立约束$(\|)$。因此,(P_1)和(P_4)间的一致性程度是

$$PC_{\widetilde{\text{Map}}(P_1,P_4)} = \frac{|12-2|+|12-2|}{|4\times(4-1)|+|4\times(4-1)|} \approx 0.833$$

基于行为侧画的方法分析(P_1)和(P_4),确定两者的行为侧画是完全一致的,即

$$PB_{\widetilde{\text{Map}}(P_1,P_4)} = 1.0$$

总而言之,此类型的不一致不会影响基于行为侧画的方法度量的一致性程度,但在一定程度上会削弱本书方法计算的一致性结果,这是因为本书方法可以捕获业务过程中事件间的数据依赖,但基于行为侧画的方法不能。

3.2.5 案例分析

用图 3-1 中的案例来解释一致性程度的计算过程,并将本书方法和基于行为

侧画的方法度量的一致性结果进行比较和分析。

1. 概念过程和逻辑过程间的一致性

本书方法:功能单元之间的事件约束可以通过分析图 3-1(P_1) 的 DND 模型中的依赖关系来获得(表3-1)。(P_1)包含了4个对齐事件,而表 3-2 中(P_2)包含了 8 个对齐事件。因此,(P_1) 与(P_2) 的对齐事件对的数量分别是 $|\mathbf{N}_1^{\sim} \times (\mathbf{N}_1^{\sim}-1)| = 12$ 和 $|\mathbf{N}_2^{\sim} \times (\mathbf{N}_2^{\sim}-1)| = 56$(($P_1$)中事件 x_3 对齐(P_2)中事件集 $\{b_4,b_5,b_6,b_7,b_8\}$)。鉴于(P_1)与(P_2)之间的对应关系,所有对应的对齐事件对的事件约束都是一致的。因此,(P_1)和(P_2)的一致性程度是 $PC_{\text{Map}(P_1,P_2)}^{\sim} = 1.0$。即($P_1$)与($P_2$)的事件约束完全一致。

表 3-1 图 3-1 中概念过程和数据感知过程(P_1)和(P_3)的事件约束矩阵

(P_1)	a_1		a_2		a_3		a_4				
a_1			$\rightarrow$		$\rightarrow$		$\rightarrow$				
a_2	$\rightarrow^{-1}$				$\rightarrow$		$\rightarrow$				
a_3	$\rightarrow^{-1}$		$\rightarrow^{-1}$				$\parallel$				
a_4	$\rightarrow^{-1}$		$\rightarrow^{-1}$		$\parallel$						

(P_3)	c_1	c_2	c_3	c_4	c_5	c_6	c_7	c_8	c_9	c_{10}	c_{11}
c_1		$\rightarrow$	$\rightarrow$	$\rightarrow$	$\rightarrow$	$\rightarrow$	$\rightarrow$	$\rightarrow$	$\rightarrow$	$\rightarrow$	$\rightarrow$
c_2	$\rightarrow^{-1}$		$\rightarrow$	$\rightarrow$	$\rightarrow$	$\rightarrow$	$\rightarrow$	$\rightarrow$	$\rightarrow$	$\rightarrow$	$\rightarrow$
c_3	$\rightarrow^{-1}$	$\rightarrow^{-1}$		$\parallel$	$\parallel$	$\parallel$	$\rightarrow$	$\rightarrow$	$\parallel$	$\rightarrow$	$\rightarrow$
c_4	$\rightarrow^{-1}$	$\rightarrow^{-1}$	$\parallel$		$\parallel$	$\parallel$	$\rightarrow$	$\rightarrow$	$\parallel$	$\rightarrow$	$\rightarrow$
c_5	$\rightarrow^{-1}$	$\rightarrow^{-1}$	$\parallel$	$\parallel$		$\parallel$	$\rightarrow$	$\parallel$	$\parallel$	$\rightarrow$	$\rightarrow$
c_6	$\rightarrow^{-1}$	$\rightarrow^{-1}$	$\parallel$	$\parallel$	$\parallel$		$\rightarrow$	$\parallel$	$\parallel$	$\rightarrow$	$\rightarrow$
c_7	$\rightarrow^{-1}$	$\rightarrow^{-1}$	$\rightarrow^{-1}$	$\rightarrow^{-1}$	$\rightarrow^{-1}$	$\rightarrow^{-1}$		$\rightarrow$	$\rightarrow$	$\parallel$	$\parallel$
c_8	$\rightarrow^{-1}$	$\rightarrow^{-1}$	$\rightarrow^{-1}$	$\rightarrow^{-1}$	$\parallel$	$\parallel$	$\rightarrow^{-1}$		$+$	$\rightarrow$	$\rightarrow$
c_9	$\rightarrow^{-1}$	$\rightarrow^{-1}$	$\parallel$	$\parallel$	$\parallel$	$\parallel$	$\rightarrow^{-1}$	$+$		$\rightarrow$	$\rightarrow$
c_{10}	$\rightarrow^{-1}$	$\rightarrow^{-1}$	$\rightarrow^{-1}$	$\rightarrow^{-1}$	$\rightarrow^{-1}$	$\rightarrow^{-1}$	$\parallel$	$\rightarrow^{-1}$	$\rightarrow^{-1}$		$\rightarrow$
c_{11}	$\rightarrow^{-1}$	$\rightarrow^{-1}$	$\rightarrow^{-1}$	$\rightarrow^{-1}$	$\rightarrow^{-1}$	$\rightarrow^{-1}$	$\parallel$	$\rightarrow^{-1}$	$\rightarrow^{-1}$	$\rightarrow^{-1}$	

表 3-2　图 3-1 中 3 个过程的行为侧画矩阵

(P_1)	a_1	a_2	a_3	a_4
a_1		$\rightarrow$	$\rightarrow$	$\rightarrow$
a_2	$\rightarrow^{-1}$		$\rightarrow$	$\rightarrow$
a_3	$\rightarrow^{-1}$	$\rightarrow^{-1}$		$\parallel$
a_4	$\rightarrow^{-1}$	$\rightarrow^{-1}$	$\parallel$	

(P_2)	b_1	b_2	b_3	b_4	b_5	b_6	b_7	b_8
B		$\rightarrow$	$\rightarrow$	$\rightarrow$	$\rightarrow$	$\rightarrow$	$\rightarrow$	$\rightarrow$
b_2	$\rightarrow^{-1}$		$\rightarrow$	$\rightarrow$	$\rightarrow$	$\rightarrow$	$\rightarrow$	$\rightarrow$
b_3	$\rightarrow^{-1}$	$\rightarrow^{-1}$		$\rightarrow$	$\rightarrow$	$\rightarrow$	$\rightarrow$	$\rightarrow$
b_4	$\rightarrow^{-1}$	$\rightarrow^{-1}$	$\rightarrow^{-1}$		$\rightarrow$	$\rightarrow$	$\rightarrow$	$\rightarrow$
b_5	$\rightarrow^{-1}$	$\rightarrow^{-1}$	$\rightarrow^{-1}$	$\rightarrow^{-1}$		$\rightarrow$	$\rightarrow$	$\rightarrow$
b_6	$\rightarrow^{-1}$	$\rightarrow^{-1}$	$\rightarrow^{-1}$	$\rightarrow^{-1}$	$\rightarrow^{-1}$		$\rightarrow$	$\rightarrow$
b_7	$\rightarrow^{-1}$	$\rightarrow^{-1}$	$\rightarrow^{-1}$	$\rightarrow^{-1}$	$\rightarrow^{-1}$	$\rightarrow^{-1}$		$+$
b_8	$\rightarrow^{-1}$	$\rightarrow^{-1}$	$\rightarrow^{-1}$	$\rightarrow^{-1}$	$\rightarrow^{-1}$	$\rightarrow^{-1}$	$+$	

(P_3)	c_1	c_2	c_3	c_4	c_5	c_6	c_7	c_8	c_9	c_{10}	c_{11}
c_1		$\rightarrow$	$\rightarrow$	$\rightarrow$	$\rightarrow$	$\rightarrow$	$\rightarrow$	$\rightarrow$	$\rightarrow$	$\rightarrow$	$\rightarrow$
c_2	$\rightarrow^{-1}$		$\rightarrow$	$\rightarrow$	$\rightarrow$	$\rightarrow$	$\rightarrow$	$\rightarrow$	$\rightarrow$	$\rightarrow$	$\rightarrow$
c_3	$\rightarrow^{-1}$	$\rightarrow^{-1}$		$\rightarrow$	$\parallel$	$\parallel$	$\rightarrow$	$\rightarrow$	$\rightarrow$	$\rightarrow$	$\rightarrow$
c_4	$\rightarrow^{-1}$	$\rightarrow^{-1}$	$\rightarrow^{-1}$		$\parallel$	$\parallel$	$\rightarrow$	$\rightarrow$	$\rightarrow$	$\rightarrow$	$\rightarrow$
c_5	$\rightarrow^{-1}$	$\rightarrow^{-1}$	$\parallel$	$\parallel$		$\rightarrow$	$\rightarrow$	$\rightarrow$	$\rightarrow$	$\rightarrow$	$\rightarrow$
c_6	$\rightarrow^{-1}$	$\rightarrow^{-1}$	$\parallel$	$\parallel$	$\rightarrow^{-1}$		$\rightarrow$	$\rightarrow$	$\rightarrow$	$\rightarrow$	$\rightarrow$
c_7	$\rightarrow^{-1}$	$\rightarrow^{-1}$	$\rightarrow^{-1}$	$\rightarrow^{-1}$	$\rightarrow^{-1}$	$\rightarrow^{-1}$		$\rightarrow$	$\rightarrow$	$\rightarrow$	$\rightarrow$
c_8	$\rightarrow^{-1}$	$\rightarrow^{-1}$	$\rightarrow^{-1}$	$\rightarrow^{-1}$	$\rightarrow^{-1}$	$\rightarrow^{-1}$	$\rightarrow^{-1}$		$+$	$\rightarrow$	$\rightarrow$
c_9	$\rightarrow^{-1}$	$\rightarrow^{-1}$	$\rightarrow^{-1}$	$\rightarrow^{-1}$	$\rightarrow^{-1}$	$\rightarrow^{-1}$	$\rightarrow^{-1}$	$+$		$\rightarrow$	$\rightarrow$
c_{10}	$\rightarrow^{-1}$	$\rightarrow^{-1}$	$\rightarrow^{-1}$	$\rightarrow^{-1}$	$\rightarrow^{-1}$	$\rightarrow^{-1}$	$\rightarrow^{-1}$	$\rightarrow^{-1}$	$\rightarrow^{-1}$		$\rightarrow$
c_{11}	$\rightarrow^{-1}$	$\rightarrow^{-1}$	$\rightarrow^{-1}$	$\rightarrow^{-1}$	$\rightarrow^{-1}$	$\rightarrow^{-1}$	$\rightarrow^{-1}$	$\rightarrow^{-1}$	$\rightarrow^{-1}$	$\rightarrow^{-1}$	

基于行为侧画的方法：表 3-2 呈现了图 3-1 中 (P_1)、(P_2) 和 (P_3) 的对齐事件对的事件约束。比较 (P_1) 与 (P_2) 的行为侧画，发现两个过程是不一致的，其中 (a_3, a_4) 上是交互约束（$\parallel$），而对应的对齐事件对 (b_4, b_3)、(b_5, b_3)、(b_6, b_3)、(b_7, b_3) 和 (b_8, b_3) 上是严格序列约束（$\rightarrow$），因此，基于行为侧画的方法度量 (P_1) 与

(P_2)间的一致性程度为

$$PB^{\sim}_{\text{Map}(P_1,P_2)} = \frac{|12-2|+|56-5\times 2|}{|4\times(4-1)|+|8\times(8-1)|} \approx 0.824$$

2. 逻辑过程和数据感知过程间的一致性

本书方法:如图 3-1(P_2)和(P_3)所示,表 3-2(P_2)包含 8 个对齐事件,即 $|\mathbf{N}_2^{\sim}\times(\mathbf{N}_2^{\sim}-1)|=56$,($P_3$)由 11 个对齐的事件构成,即 $|\mathbf{N}_3^{\sim}\times(\mathbf{N}_3^{\sim}-1)|=|11\times 10|=110$。由于($P_2$)与($P_3$)存在着 1:$n$ 映射,即 $b_4\sim c_3$、$b_4\sim c_4$、$b_5\sim c_5$、$b_5\sim c_6$、$b_3\sim c_{10}$ 和 $b_3\sim c_{11}$,因此对齐事件数目不同。通过分析表 3-1 中(P_2)和(P_3)的事件约束,发现(P_2)中有 8 个对齐事件对与(P_3)中对应的事件对(有 24 对)是不一致的,即 (b_4,b_3)、(b_5,b_3)、(b_7,b_3) 和 (b_8,b_3) 及它们的相反事件对 (b_3,b_4)、(b_3,b_5)、(b_3,b_7) 和 (b_3,b_8) 上是独立约束($\parallel$),而它们所对应的对齐事件对 (c_3,c_{10})、(c_4,c_{10})、(c_5,c_{10})、(c_6,c_{10})、(c_8,c_{10})、(c_9,c_{10})、(c_3,c_{11})、(c_4,c_{11})、(c_5,c_{11})、(c_6,c_{11})、(c_8,c_{11}) 和 (c_9,c_{11}) 及它们的相反事件对的事件约束为数据依赖或反数据依赖($\rightarrow$ 或 $\rightarrow^{-1}$)。因此,本书方法计算(P_2)和(P_3)间的一致性程度为

$$PC^{\sim}_{\text{Map}(P_2,P_3)} = \frac{|56-4\times 2|+|110-12\times 2|}{|8\times(7-1)|+|11\times(11-1)|} \approx 0.807$$

基于行为侧画的方法:我们用基于行为侧画的方法度量 P_2 和 P_3 间的一致性程度。除了上述不一致的对齐事件对,P_2 中对齐事件对 (b_4,b_5) 和相反事件对 (b_5,b_4) 上是严格序列约束和逆严格序列约束($\rightarrow$ 和 $\rightarrow^{-1}$),而它们对应的对齐事件对 (c_3,c_5)、(c_3,c_5)、(c_4,c_5) 和 (c_4,c_6) 及相反的事件对上是交互约束($\parallel$)。因此,基于行为侧画的方法度量 P_2 和 P_3 之间的一致性程度为

$$PB^{\sim}_{\text{Map}(P_2,P_3)} = \frac{|56-5\times 2|+|110-16\times 2|}{|8\times(7-1)|+|11\times(11-1)|} \approx 0.747$$

针对两种方法产生的一致性结果,可能会引起哪个度量结果更可信的疑问。基于行为侧画的方法要求两个业务过程是完全一致的,当且仅当它们的行为侧画完全相同。也就是说,任意对齐事件的前驱和后继的改变都会影响该方法对一致性程度的评估。更重要的是,它忽略了业务过程的数据流。然而,如果两个业务过程的数据流不同,则这两个过程肯定是不一致的。幸运的是,本书方法通过探索业务过程中的控制流(控制依赖、互斥和独立)和数据流(数据依赖)能够更加精准地识别业务过程间的本质差异,从而使得度量的一致性结果更加可信,即 $PC^{\sim}$ 比 $PB^{\sim}$ 更接近实际情况。

3.2.6 讨论

1. 本书方法的应用价值

本书的研究结果对业务过程管理具有重要的应用价值和意义。在 BPM 领域,

业务过程的建模和演变对于业务环境中的任何 BPM 项目都是至关重要的任务。其中一个主要问题是关于业务过程间不一致的起因。事实上,业务过程间的不一致通常是由业务过程开发人员针对现实世界中同一业务场景为满足不同的设计需求和利益相关者考虑问题的视角不同而导致的。有利的一面,不一致突出了参与开发过程的利益相关者的不同的认知和业务目标。并且有时候是有意引入不一致以揭示业务过程的方方面面,得到额外的信息而受启发,从而能进一步对业务过程进行调整。不利的一面,不一致会导致过程开发延误、开发成本增加及操作、审计失败。本书的研究能够识别业务过程间本质的不一致,这是业务过程分析中,如过程替换、过程相似性度量和过程转换等具有非常重要的意义。

许多研究利用手工或半自动化的方法度量业务过程间的一致性,计算过程冗长乏味,耗时且易出错。而本书方法是自动化的,不依赖附加信息的输入。本书方法的原型工具可以集成到公共建模工具中,如 ProM。此外,该工具有助于业务过程管理人员有效地管理业务过程,特别是针对不同抽象层次的业务过程的管理。

2. 本书方法的缺点

本书方法也存在一些缺陷。首先,本书方法无法区分循环结构中嵌套的并行结构和条件结构。如图 3-3 所示,(P_1) 中事件对 (b_2, b_3) 上为互斥约束,(P_2) 中对应的事件对上 (b_2, b_3) 为独立约束。然而,本书方法识别 (P_1) 与 (P_2) 中事件对 (b_2, b_3) 上的事件约束都为独立约束。于是计算的两个过程间的一致性等于 1.0,很显然这个结果是不正确的。其次,本书未考虑静态(silent)事件。如图 3-4 所示,逻辑过程 (P_2) 中的一个静态事件 s 使得 (P_2) 与 (P_1) 的行为完全不同,因为 s 能够跳过事件 b_2 而继续执行。最后,本书方法可能比现有方法需要更多的过程信息,如事件的输入和输出信息以及事件类型 <if> 和 <while>。不可避免的是,本书方法也可能需要更多的时间计算一致性结果。

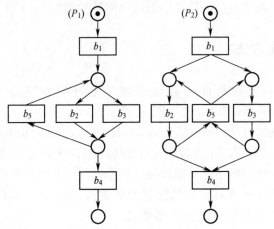

图 3-3 (P_1) 和 (P_2) 中 b_2、b_3 分别处于嵌套循环结构的选择结构和并发结构

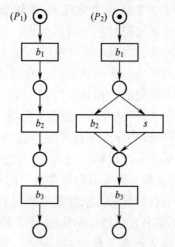

图 3-4　静态事件会改变业务过程的行为

3.3　实验评估

我们设计了 3 组不同的实验场景,并与基于行为侧画的方法进行对比,回答以下问题。

RQ1(准确性):本书方法度量的不同抽象层次的业务过程间一致性是否比基于行为侧画的方法更加准确?

RQ2(时效性):本书方法是否比基于行为侧画的方法更加高效?

RQ3(两种不一致场景对一致性结果的影响):两种不一致场景对本书方法和基于行为侧画的方法度量的一致性结果产生何种影响?

3.3.1　对比方法

本书选取了业务过程间一致性领域最主流的方法与本书方法(event-constraint-based approach,ECBA)做对比实验。

基于行为侧画的方法(behavioral-profile-based approach,BPBA):BPBA 能够定量地度量逻辑过程间一致性(度量的一致性程度在 0~1.0)。BPBA 定义的行为侧画的概念是从过程轨迹的角度全面地描述逻辑过程。由于未考虑概念过程和数据感知过程的数据流,BPBA 在量化概念过程和逻辑过程间一致性及逻辑过程和数据感知过程间一致性方面,可能并不够准确。

我们将 ECBA 与 BPBA 在同一平台和环境中进行实验,通过对比实验结果来验证ECBA的准确性、时效性及不同类型的不一致场景对一致性结果的影响。

3.3.2 工具实现

我们用Java编程实现了ECBA的原型系统,详见第5章。它可以自动地量化不同抽象层次的业务过程间一致性。ECBA的输入是概念过程和逻辑过程(XML格式的文件),以及逻辑过程和BPEL过程(BPEL过程作为数据感知过程中的一种较流行的表达形式)。ECBA的输出是输入的两个过程间的一致性程度。ECBA原型系统具有以下特点:①构建了业务过程的事件约束的数据结构;②它不仅能够衡量不同抽象层次的业务过程间的一致性,也可度量同一抽象层次的业务过程间的一致性,如数据感知过程间的一致性;③可以得到一些副产品,如行为侧画和事件约束。我们相信这些副产品可帮助业务人员分析业务过程。

3.3.3 实验设置

1. 实验参与者

我们在南京理工大学计算机科学与工程学院开展了实验,邀请了6名具有相似知识和技术背景的研究生参加了本书的实验。他们参加了一个名为《业务过程管理》的课程,获得了工作流建模的相关知识和经验,但对业务过程间的一致性没有深入的了解。我们请求研究生针对真实的业务过程构建出不同抽象层次的业务过程。此外,我们随机咨询了12位不是我们研究小组成员的领域相关人员。其中,4位是工作流领域专家,4位业务分析师,4位了解业务过程建模的博士研究生。请求他们判定给定的不同抽象层次的业务过程中哪些对齐事件对是一致事件对。

2. 数据集

ECBA研究对象是不同抽象层次的业务过程,然而我们并没有掌握广泛可用的数据集来满足本书实验要求。因此,为回答RQ1和RQ2,6名研究生从某军港岸勤保障系统的业务过程库中挑选了34个可用的数据感知过程(用BPEL描述)构成了数据集S。这些BPEL过程中包含顺序、并行、选择和循环路由,并且每个过程至少3个事件,至多30个事件。然后,他们运用过程转换技术将34个数据感知过程调整和转换成包含60个BPEL过程的新数据集S_0。进一步地,使用ProM工具将这些过程转换为相应的逻辑过程(Petri网格式)。概念过程的DND模型是根据ProM工具生成的Petri网模型手动生成的。因此,数据集S_1由60对对齐的概念过程和逻辑过程组成,S_2包含了60对对齐的逻辑过程和BPEL过程。

为回答RQ3,我们从数据集S_0中随机选择了40个BPEL过程。首先,对40个过程的执行序列做不同程度(0.1~0.9)地修改,从而生成新数据集 S_3,它包含了 40 对过程,每对过程由来自 S_0 的一个 BPEL 过程和对其做过改动的过程组成。然后,不同程度(0.1~0.9)地改变 40 个过程的数据流,从而获得包含 40 对过程的新数据集 S_4。

3. 实验标准

为评估 ECBA 和 BPBA 的准确性,我们引入了由查准率和查全率构成的准情性评价标准 F-measure,并且该标准已广泛应用于许多研究中。设"真实"集合 **truth** 表示由领域相关的专家、业务分析师和博士研究生从提供的业务过程以及它们的对齐事件对集合中识别的一致事件对,"发现"集合 **found** 表示被两种方法识别的一致事件对集合。

$$precison = \frac{|found \cap truth|}{|found|}, recall = \frac{|found \cap truth|}{|truth|}$$

$$F\text{-measure} = 2 \times \frac{|precision \times recall|}{|precision + recall|}$$

4. 实验程序

6 名研究生在开展实验之前,我们对其进行了 $3h$ 的培训:①使其了解 3 种模型及其建模要求;②熟练运用 ECBA 的原型工具、ProM 工具及掌握它们支持的输入文件格式。

实验的具体实施分为 3 个阶段。第一阶段,6 名受过培训的研究生将 34 个真实 BPEL 过程调整和转换成 60 个符合实验要求的 BPEL 过程,并使用 ProM 工具将 60 个 BPEL 过程生成 Petri 网描述的逻辑过程。然后,参照这些逻辑过程手动设计成 DND 模型描述的概念过程。第二阶段,一旦建模完成,他们将构造的数据集中成对的业务过程作为 ECBA 的软件工具的输入,执行获得每对输入的过程的一致事件对、对齐事件对、一致性结果和时间开销成本。第三阶段,请求 12 位领域相关人员从我们提供的业务过程及它们的对齐事件对集合中识别出一致事件对(**truth** 集合)。被两种方法识别的一致事件对集合称为 **found** 集合。最后,我们采用 F-measure 标准计算两种方法的准确性。并且根据成对的过程的对齐事件总数目,从 6(5)~55(35)对分成 9 个组,取每组中的 F-measure 的平均值。

3.3.4 实验结果

1. 准确性

图 3-5(a)和(b)显示了通过改变不同抽象层次的两个业务过程的对齐事件总数目评估的两种方法的准确性。由图 3-5 可以看出,ECBA 的准确性明显优于BPBA。随着对齐事件总数目的增加,ECBA 的准确性下降速度比 BPBA 要慢得

多,这说明 ECBA 在评估较大规模的两个业务过程间的一致性时,结果更加准确和可靠。

图 3-5(c)和(d)显示了通过改变不同抽象层次的对齐业务过程对的数目评估的两种方法的准确性。在这方面 ECBA 也比 BPBA 表现得更好。随着对齐业务过程对的数目增加,ECBA 的准确性一直都较高,且略微地增加。

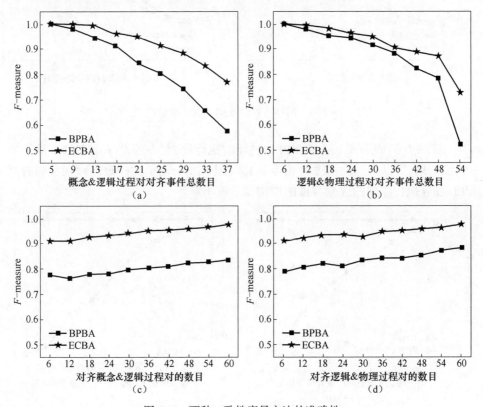

图 3-5 两种一致性度量方法的准确性

2. 时效性

图 3-6 显示了通过改变业务过程的对齐事件总数目测量的两种方法的时间开销成本。随着对齐事件总数目的增加,两种方法的时间开销成本迅速增加。这是因为需要更多的时间来计算对齐事件对和一致事件对的数目。ECBA 的时间开销成本略高于 BPBA,是因为 ECBA 需要分析业务过程的数据流。

3. 两种不一致情形对一致性结果的影响

为展示两种不一致场景对两种方法度量的一致性结果产生的影响,我们分别计算数据集 S_3、S_4 中修改前后的 40 对 BPEL 过程的平均一致性程度(①不同程度地修改 S_3 中 BPEL 过程的执行序列;②不同程度地修改 S_4 中的 BPEL 过程的数据

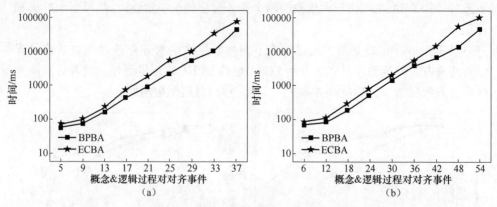

图 3-6 两种一致性度量方法的时效性

流)。图 3-7(a)表明了只改变 BPEL 过程的执行序列,并不会影响 ECBA 度量的一致性结果,所以一致性程度仍然等于 1.0,但 BPBA 度量的一致性程度会随着对 BPEL 过程执行序列的改变程度的增加而迅速下降。

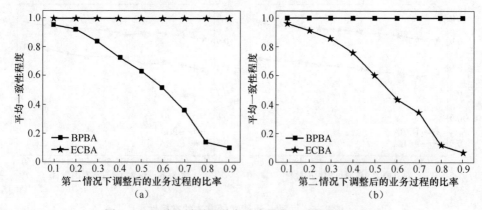

图 3-7 两种差异对两种方法度量的一致性程度的影响

图 3-7(b)表明了只改变 BPEL 过程的数据流,不会对 BPBA 度量的一致性值产生任何影响,即一致性结果仍然等于 1.0,但是 ECBA 度量的结果会随着对过程数据流的改变程度的增加而迅速下降。因此,图 3-7(a)和(b)验证了业务过程间控制流方面的一些差异并不能削弱 ECBA 产生的一致性结果,但可以准确反映业务过程间关于数据流的轻微变化。

上述 3 个实验的结果表明:ECBA 能够有效地度量逻辑过程和数据感知过程间及概念过程和逻辑过程间的一致性。相比 BPBA,ECBA 显著地提高了一致性度量的准确性,这有助于提升业务过程开发人员进行过程演进的效率。此外,ECBA 可以识别逻辑过程和数据感知过程间事件约束的轻微不一致,但对控制流方面的一些差异并不太敏感。因此，ECBA 度量的一致性结果更符合预期。

3.3.5 效度威胁分析

1. 结构效度

由于我们缺少直接可用的数据，半自动化地构建了符合要求的不同抽象层次的业务过程，这可能会产生对结构效度的威胁。为减轻这种威胁，我们严格按照不同抽象层次的业务过程的特点及具体要求进行设计和操作，并尽可能地考虑到业务过程间存在的各种类型的差异，已达到实验要求。

2. 内部效度

我们请求 12 名领域相关人员评估业务过程间的一致事件对集合，由于每个人的对业务过程的理解不同，以及知识背景的不同，容易导致评估的一致事件对集合存在差异，甚至出现错误，这可能导致内部效度的威胁。为减少这种威胁，我们尽可能地找那些对业务过程有较深入了解的领域专家对我们提供的对齐事件对集合进行评估和审查。

3. 外部效度

由于只有有限数量的真实的和合成的业务过程被用来开展我们的实验，可能会有人质疑 ECBA 不具备一般性。实际上，其他业务过程与合成的过程在事件约束上具有相同的特点。我们有信心 ECBA 能够推广到其他业务过程上使用。此外，我们所采用的业务过程也在最近的过程分析研究中被经常使用。

3.4 本章小结

本章讨论了跨不同抽象层次的业务过程之间的对齐问题。更具体地说，我们通过利用事件约束来量化概念过程和逻辑过程间的一致性，以及逻辑过程和数据感知过程间的一致性。根据两种常见的引起业务过程间不一致的场景，分析了不同场景对本书方法度量的一致性结果产生的影响。大量的实验证明，本书方法比现有方法能够更加准确地度量不同抽象层次的业务过程间的一致性。

第4章
面向动态环境的数据感知过程间转换研究

随着面向动态环境下智能化和信息化的深度融合,以信息技术和管理技术为基础,提高业务过程管理效率为出发点,提升面向动态环境下保障能力为目标的业务过程管理具有广阔的应用前景和研究空间。一般而言,业务过程可分为3类:概念过程、逻辑过程和数据感知过程。其中,数据感知过程是在信息系统中对逻辑过程的具体实现,不仅包含控制流信息,也包含数据感知过程在信息系统中执行所产生的数据信息。因此,除了控制流,数据感知过程中还存在更为本质的事件约束:控制依赖、数据依赖和互斥约束。越来越多的、面向动态环境下将其内部及与外部交互的数据感知过程进行工作流建模,以形成系统运营管理的标准化操作。而在开放、多变、动态的环境下,保障需求与业务环境的易变性通常会导致信息系统中的数据感知过程无法满足信息系统对过程质量的要求。为应对这一挑战,业务过程管理人员借助过程替换、过程转换、过程相似性评估等技术手段,对信息系统中失效或低质量的数据感知过程采用一系列高级修改操作进行编辑,从而构建出优质过程以取代它们。虽然这些优质过程之间控制流可能不同,但只要保证它们间的事件约束一致也能取得同样的效果和满足保障的要求。也就是说,运用一系列高级修改操作在初始过程上进行编辑所获得的过程并不一定与目标过程的控制流完全一致。因此,为将初始过程转换成与目标过程的事件约束一致的中间过程,如何快速准确地确定一个引发约束变化的最小修改序列成了亟待解决的问题。

由于低级修改操作对事件及控制流边分别进行编辑,无法保证过程间转换的语义正确性。因此,本书采用高级修改操作即插入(insert)、删除(delete)和移动(move)来编辑数据感知过程。如图4-1所示,存在多种由高级修改操作构成的修改序列能将初始过程 P 编辑为目标过程 P'。其中,用最少数目的高级修改操作将 P 编辑为 P' 所构成的修改序列称为最小修改序列 η'。而 η' 中能够引发数据感知过程间约束变化的修改操作所构成的序列称为引发约束变化的最小修改序列 η。之所以要识别一个最小修改序列 η,是因为只有数目最少的修改序列才能准确地度量数据感知过程间的编辑距离。在 P 上运用 η 得到的过程 P'' 往往并不是目标过程 P',但 P'' 与 P' 的事件约束是一致的。简而言之,η' 保证了用最少的修改操作

将初始过程 P 编辑成目标过程 P'，而 η 保证了用最少的修改操作将初始过程 P 编辑成中间过程 P''，使得 P'' 与目标过程 P' 的事件约束一致。

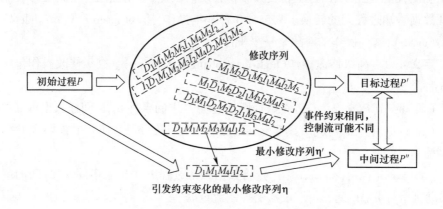

图 4-1　最小修改序列 η' 与引发约束变化的最小修改序列 η 之间的关系

然而，现有方法都是通过分析逻辑过程间的控制流差异来识别一个将初始过程转换成目标过程所需的最小修改序列 η'，却未研究数据感知过程间引发约束变化的最小修改序列 η 的问题。如运用行为矩阵和 Quine-McCluskey 算法，识别逻辑过程间的最小修改序列 η'，但该方法并不能解决带有循环结构的逻辑过程间转换的问题。在此方法研究基础上，利用过程结构树构建行为矩阵，虽然解决了上述带有循环结构的问题，但研究的对象只限于具有块结构(block-structured)的逻辑过程。于是，有人提出新的行为矩阵能够区分并发结构和(嵌套)循环结构，并且也能计算事件重名的模型间最小修改操作序列 η'。遗憾的是，该方法定义的行为矩阵并不能检测数据感知过程间约束差异，因而也无法确定一个引发约束变化的最小修改序列 η。

为此，本书提出了数据感知过程的事件约束图的概念，并且通过两个数据感知过程的事件约束图构建两者的约束矩阵，最后利用约束矩阵和数字逻辑确定一个数据感知过程间转换所需的引发约束变化的最小修改序列。此外，本书还讨论了 3 种情形下过程间的控制流差异并不会改变引发约束变化的最小修改序列。

4.1　高级修改操作

一个数据感知过程转换成另一个数据感知过程最直接的方法就是用低级修改

操作[包含添加(add)和删除(delete)操作]对过程进行编辑。然而,低级修改操作需要对事件及控制流边单独进行操作,步骤烦琐复杂,不仅无法保证过程转变语义的正确性,也不能反映出过程转变的难易程度。因此,本书运用一组高级修改操作实现数据感知过程间的转换。它包含3种基本操作:插入(insert)、删除(delete)和移动(move),这些操作的对象是一个事件。

定义 4-1 高级修改操作(high-level change operation)。高级修改操作包含以下3种类型。

(1) $insert(P, a_i, a_j, a_k)$:在数据感知过程 P 中的事件 a_j、a_k 间插入事件 a_i。

(2) $delete(P, a_i)$:删除数据感知过程 P 中的事件 a_i,并使 a_i 的前驱和后继的控制流重联。

(3) $move(P, a_i, a_j, a_k, a_l, a_m)$:将数据感知过程 P 中位于事件 a_j、a_k 间的事件 a_i 移动到事件 a_l、a_m 间,并使 a_j、a_k 的控制流重联。

若在过程的开始或结束插入事件 a_i,则 insert 的参数 a_j、a_k 中有一个为 null;若将过程中的第一个事件移动到过程的结尾,则 move 中的参数 a_j、a_m 同时为空,反之 a_k、a_l 同时为空。

表 4-1 展示了 3 种类型的高级修改操作及其编辑效果。相比低级修改操作,高级修改操作具有以下优点:①保证了过程间转换的语义正确性。图 4-2 中的 Δ_1 使原始过程 P 通过一步高级修改操作就得到了 P_1,而低级修改操作会破坏过程的完整性;②具有更丰富的语义。一个高级修改操作等同于多个低级修改操作对过程的编辑效果。图 4-2 中 8 个低级修改操作实现一个高级修改操作 Δ_2;③合理地反映过程转变的复杂程度。如从 P_1 转换到 P_2,低级修改操作需要 8 步而高级修改操作只需要一步完成,因此低级修改操作数并不能代表过程间转换的复杂程度。

表 4-1 数据感知过程的高级修改操作

操作类型	编辑效果	参数
$insert(P, a_i, a_j, a_k)$	P 中事件 a_j、a_k 间插入事件 a_i	P, a_j, a_k
$delete(P, a_i)$	删除过程 P 中的事件 a_i	P
$move(P, a_i, a_j, a_k, a_l, a_m)$	P 中事件 a_j、a_k 间 a_i 移动到事件 a_l、a_m 之间	P, a_j, a_k, a_l, a_m

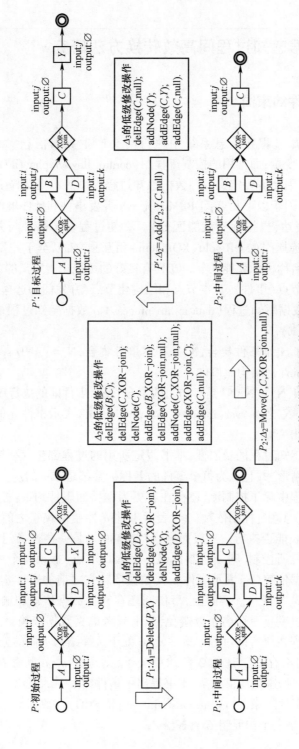

图4-2 高级修改操作和低级修改操作之间的比较

4.2 数据感知过程间高效转换方法研究

4.2.1 事件约束图

由于数据感知过程在信息系统中执行时会产生数据信息,如事件的输入 input、输出 output 变量,而常用的控制流程图(control flow graphs,CFG)只能描述过程的控制流信息,因此需要定义一种数据感知过程模型。本书选择 BPMN 为数据感知过程建模,归因于以下几点:①BPMN 统一了并发事件和条件事件的符号化语言(用一种符号表达,根据标签就能区分)。②使过程基本事件与并发门(AND-split、AND-join),选择门(XOR-split、XOR-join)相互独立,以至于并发结构和选择结构只需要门的名称标识就能区分。③具有良好的可视化。定义的数据感知过程包含两种类型的节点(事件):基本节点和结构化节点(并发门和选择门)。

定义 4-2 数据感知过程(data-aware process)。数据感知过程被模型化为一个有向图 $P=(\tilde{N},\tilde{E})$。

(1) $\tilde{N}=\tilde{N}_b \cup \tilde{N}_s$ 是事件集合,$\tilde{N}_b$ 是基本事件集合,$\tilde{N}_s = \{$AND-split, AND-join, XOR-split, XOR-join$\}$ 是结构化事件。

(2) $\tilde{E}_c = \{(\tilde{N},\tilde{N}) \in \tilde{N} \times \tilde{N}\}$ 是有向边的集合,表示事件间的执行序列。

(3) $\forall a_i, a_j \in \tilde{N}$,若 $a_j.\text{var}(\text{input}) \leftarrow a_i.\text{var}(\text{output})$ 表示事件 a_j 的输入变量使用了事件 a_i 的输出变量。

为保证数据感知过程的稳固性,本书假定所用的过程都包含死锁、缺乏同步、数据竞争等特殊情形,并且认为每个事件的名称标签都是唯一的。

数据感知过程中除了控制流,还存在着更为本质的事件约束:控制依赖、数据依赖和互斥约束。其中,控制依赖($\geqslant$)表示事件 a_j 控制依赖它之前的事件 a_i,当且仅当 a_i 决定着 a_j 能否执行。一般而言,控制事件 a_i 是一些选择门(XOR-split)。若 a_j 不受任何事件所控制,则 a_j 控制依赖一个入口节点(假设每个过程均有一个入口 Entry)。数据依赖($>$)表示事件 a_j 真数据依赖它之前的事件 a_i,当且仅当 a_j 使用了 a_i 定义的某个变量。实际上,事件间还存在反数据依赖和输出数据依赖,由于它们能够通过变量重命名予以避免,本书只考虑真数据依赖。互斥约束($+$)表示数据感知过程在执行的过程中事件 a_i、a_j 处于选择结构不同的分支上。此外,如果事件 a_i、a_j 间不存在上述的 3 种约束关系,则认为 a_i、a_j 间存在着独立约束($\parallel$)。为清晰地刻画这些约束关系,本书提出了事件约束图的概念。

定义 4-3 事件约束图(event constraint graph,ECG)。数据感知过程 $P=(\tilde{N},\tilde{E})$ 的事件约束图是一个二元组 $G=(N,\varepsilon)$。

(1) $\mathbf{N}=\tilde{\mathbf{N}}_b \cup \{\text{XOR-split}, \text{Entry}\}$ 是事件集合，$\tilde{\mathbf{N}}_b$ 是基本事件集合，$\{\text{XOR-split}\} \subseteq \tilde{\mathbf{N}}_s$，Entry 是 P 的入口节点。

(2) $\varepsilon = \varepsilon_c \cup \varepsilon_d \cup \varepsilon_e$ 是事件间边的集合，实线有向边 $\varepsilon_c = \{(\mathbf{N}/\tilde{\mathbf{N}}_b, \mathbf{N}/\text{Entry}) \in \mathbf{N}/\tilde{\mathbf{N}}_b \times \mathbf{N}/\text{Entry}\}$ 指代控制依赖，虚线有向边 $\varepsilon_d = \{(\tilde{\mathbf{N}}_b, \mathbf{N}/\text{Entry}) \in \tilde{\mathbf{N}}_b \times \mathbf{N}/\text{Entry}\}$ 指代数据依赖，虚线无向边 $\varepsilon_e = \{(\tilde{\mathbf{N}}_x, \mathbf{N}/\text{Entry}) \in \tilde{\mathbf{N}}_x \times \mathbf{N}/\text{Entry}\}$ 指代互斥约束。

(3) $f(\mathbf{N}/\tilde{\mathbf{N}}_b, \mathbf{N}/\text{Entry}) = \{\text{Yes}, \text{No}\}: \mathbf{N}/\tilde{\mathbf{N}}_b \to \mathbf{N}/\text{Entry}$ 表示 ε_c 上的标签变量：

① 如果 $\varepsilon_c = <\text{Entry}, \mathbf{N}/\text{Entry}>$，则 $f(\text{Entry}, \mathbf{N}/\text{Entry}) = \{\text{Yes}\}$；

② 如果 $\varepsilon_c = <\tilde{\mathbf{N}}_x, \mathbf{N}/\text{Entry}>$，则 $f(\tilde{\mathbf{N}}_x, \mathbf{N}/\text{Entry}) = \{\text{Yes}/\text{No}\}$。

ECG 的控制依赖子图是一棵以 Entry 为根的树，其中分支节点（非 Entry 节点）表示过程 P 中的控制事件，叶子节点表示基本事件。为精确刻画 P，在 Entry 或控制门与其所控制的任一事件间的控制依赖边上附加一个"真"（Y）标签，而在选择门与其控制的节点间的控制依赖边上附加"真"（Y）或"假"（N）标签，标签的取值取决于受控事件在选择门为"真"时执行还是为"假"时执行。

4.2.2 数据感知过程间转换引发约束变化的修改序列

本书假定将一个数据感知过程转换成另一个数据感知过程，一定是通过一系列高级修改操作实现的，且保证事件的输入输出变量不变及正确的过程语义。由于每一步修改操作都会改变事件集合或事件间的约束，因此每执行一步修改操作都会产生一个新的过程（统称中间过程），从而构成一个数据感知过程集合，最后这些修改操作按照操作顺序构成了一个修改序列。

定义 4-4 引发约束变化的修改序列。设 $\mathbf{W}$ 为数据感知过程集合，P、P'、$P'' \in \mathbf{W}$ 分别为初始过程、目标过程和中间过程，其中 G'、G'' 分别为 P'、P'' 的事件约束图，η 是从 P 转换成 P'' 可能的高级修改操作序列集合，$\Delta \in \text{Oper}\{\text{insert}, \text{delete}, \text{move}\}$ 为过程间转换中的一个高级修改操作。如果 $\eta = <\Delta_1, \Delta_2, \cdots, \Delta_n> \in \eta$ 为 P 转换成 P' 的一个引发约束变化的修改序列，当且仅当：

(1) $P[\eta > P'']$，η 对 P 是可操作的，且 P'' 是由 η 运用到 P 产生的结果；

(2) P'' 和 P' 的事件约束图相同，即 $G' = G''$；

(3) $\exists P_1, P_2, \cdots, P_{n+1} \in \mathbf{W}, P = P_1, P'' = P_{n+1}$，则 $P_i[\Delta_i > P_{i+1}], I \in \{1, 2, \cdots, n\}$。

一般而言，过程间的转换通常不止一个引发约束变化的修改序列，这涉及修改序列等价问题。

定义 4-5 等价修改序列。设 P、P' 分别为初始过程和目标过程，$\eta_i, \eta_j \in \eta$ 为两个修改序列，如果 $\eta_i \sim \eta_j$，当且仅当：

(1) η_i、η_j 中的高级修改操作数目相同，即 $|\eta_i| = |\eta_j|$；

(2) η_i、η_j 运用到 P 上都能得到中间过程 P'' 使之与 P' 的事件约束相同。

根据上述定义可知,数据感知过程 P 转换到 P' 可能存在多个引发约束变化的修改序列,每个序列中包含的高级修改操作数目也可能不同。为快速地完成过程间转换及准确地度量过程间的编辑距离,找到一个修改操作最少的修改序列成为当前亟待解决的问题。于是,我们定义了引发约束变化的最小修改序列问题。

问题 4-1 引发约束变化的最小修改序列问题。给定两个数据感知过程 P、P',引发约束变化的最小修改序列问题就是找到一个最小修改序列 $\eta=<\Delta_1,\Delta_2,\cdots,\Delta_n>$,则 $P[\eta>P'']$,使得 P''、P' 对应的事件约束图 G''、G' 相同,即 $G''=G'$。其中,$d(P,P'')=\{|\eta| | \eta \in \eta \wedge P[\eta>P'' \wedge G''=G']\}$ 称为 P 与 P'' 间的编辑距离。

当 $|\eta|=0$ 时,则初始过程 P 和目标过程 P' 的 ECG 是相同的,即 P 和 P' 间不存在约束差异,无须对 P 进行编辑;当 $P[\eta>P']$ 时,即 $P'=P''$,则 η 中的每个高级修改操作都会解决 P 和 P' 间的一个约束差异。

本书定义的最小修改序列问题可看作最优规划(optimal planning)问题,即 P 为初始状态,P' 为目标状态,找到一个最优规划 η。由于最优规划是个 NP-hard 问题,而且往往不止一个最优方案,因此我们利用约束矩阵和 Quine-McClusKey 算法计算一个最优解。

4.2.3 数据感知过程间转换引发约束变化的最小修改序列

数据感知过程间的转换要求废弃的事件($a_i \in \tilde{N}/\tilde{N}'$)必须被删除,新的事件($a_i \in \tilde{N}'/\tilde{N}$)必须被插入,而这两种操作都会改变过程的事件约束,因此每个引发约束变化的修改序列都会包含所有的删除操作(delete)和插入操作(insert),那么只能优化过程间转换的移动操作(move)数。于是,识别过程间引发约束变化的最小修改序列的问题就简化为如何确定一个包含最少移动操作的修改序列来实现过程间的转换。由于移动操作改变的是过程结构,而不是事件集合,所有的移动操作都在删除操作之后和插入操作之前执行,且移动操作的最大数目为 $|\tilde{N} \cap \tilde{N}'|$,即两个过程共有的事件都被移动过。为确定初始过程 P 和目标过程 P' 间的引发约束变化的最小修改序列 η,需要执行以下 4 步。

步骤 1 $\forall a_i \in \tilde{N}/\tilde{N}'$,删除(delete)在 P 中具有但不在 P' 中具备的所有事件,得到 P 的中间过程 P_1。

步骤 2 $\forall a_i \in \tilde{N}'/\tilde{N}$,删除(delete)在 P' 中具有但不在 P 中具备的所有事件,得到 P' 的中间过程 P_2。

步骤 3 $\forall a_i \in \tilde{N} \cap \tilde{N}'$,移动(move)$P_1$ 中与 P_2 约束不一致的事件,直到使 P_1 与 P_2 的所有事件约束相同。

步骤 4 $\forall a_i \in \tilde{N}'/\tilde{N}$,插入(insert)在 P' 中具有但不在 P 中具备的所有事件。

由于步骤 2 只是为得到目标过程 P' 的中间过程 P_2 以便计算最小修改序列,并

不属于作用在初始过程 P 上的修改操作,因此仅步骤 1、3、4 所用的修改操作构成的序列为引发约束变化的修改序列。为计算步骤 3 中移动操作的最小修改序列,本书基于定义 4-3 获得中间过程 P_1 和 P_2(只包含 P、P' 所共有的事件)的 ECG G_1 和 G_2,然后将 G_1、G_2 中的每个事件(不包含 Entry 节点)及事件间的约束分别放入一个 $A_{n \times n}$ 的矩阵($n = |\mathbf{N}_1/\text{Entry} \cap \mathbf{N}_2/\text{Entry}|$)中。

定义 4-6 约束矩阵(constraint matrix)。设 $G = (\mathbf{N}, \varepsilon)$ 为数据感知过程 $P = (\tilde{\mathbf{N}}, \tilde{\mathbf{E}})$ 的事件约束图,$\mathbf{A}_{n \times n}$ 为 $P = (\tilde{\mathbf{N}}, \tilde{\mathbf{E}})$ 约束矩阵,$\mathbf{N}/\text{Entry} = \{a_1, a_2, a_3, \cdots, a_n\}$ 为 $\mathbf{A}_{n \times n}$ 的事件集合,$\mathbf{A}_{ij}$ 表示不同事件 a_i、a_j 间的约束,$a_i, a_j \in \mathbf{N}/\text{Entry}$。$\mathbf{A}_{ij}$ 可分为 6 种情况。

(1)$\mathbf{A}_{ij} = \geq$,表示 a_j 控制依赖 a_i,即 $a_i \geq a_j$;
(2)$\mathbf{A}_{ij} = \leq$,表示 a_i 控制依赖 a_j,即 $a_i \leq a_j$;
(3)$\mathbf{A}_{ij} = >$,表示 a_j 数据依赖 a_i,即 $a_i > a_j$;
(4)$\mathbf{A}_{ij} = <$,表示 a_i 数据依赖 a_j,即 $a_i < a_j$;
(5)$\mathbf{A}_{ij} = +$,表示 a_i、a_j 相互排斥,即 $a_i + a_j$;
(6)$\mathbf{A}_{ij} = \|$,表示 a_i、a_j 相互独立,即 $a_i \| a_j$。

一个数据感知过程的约束矩阵 $\mathbf{A}_{n \times n}$ 能唯一代表该过程,意味着两个数据感知过程间的约束差异等同于其约束矩阵间的差异。与现有方法提出的行为矩阵相比,本书定义的约束矩阵无须区分数据感知过程间的控制流差异,如并行与选择结构之间的差异,并行、简单循环、嵌套循环之间的差异,只是关注于过程间本质的约束差异。此外,如果一个事件 a_i 未调用自身定义的数据变量,即 (a_i, a_i) 上不存在数据依赖,则认为 (a_i, a_i) 上存在独立约束。

例 4-1 为确定图 4-3 中数据感知过程 P、P' 间转换的一个引发依赖变化的最小修改序列,根据上述 4 个步骤:①删除仅 P 中具备的事件 X,即 $\text{delete}(P, X)$;②删除仅 P' 中具备的事件 Y,即 $\text{delete}(P', Y)$;③根据定义 4-5 构建过程 P_1、P_2 的 ECG,如图 4-4 所示。为识别 P_1、P_2 中的约束差异,基于 P_1、P_2 的 ECG 及定义 4-6,获得 P_1、P_2 的约束矩阵,如图 4-5 所示,其中 XOR-split 简写为 R。通过比较 P_1、P_2 的约束矩阵,识别两者间的约束差异($P_1 \sim P_2$):① XOR-split 与 E 间的控制依赖变成了独立约束;②D 和 F 间的互斥约束变成了独立约束;③E 和 F、G 间的互斥约束变成了独立约束;④F 和 G 间的独立约束变成了互斥约束;⑤H 和 I 间的独立约束变成了互斥约束。然而,事件 B、C 由并发结构转变为顺序结构在两个约束矩阵中事件约束却是一致的。

如果两个约束矩阵中对应事件 a_i、a_j 的约束不同,则认为 a_i、a_j 是冲突的,矩阵中所有的冲突则构成一个冲突集合。

定义 4-7 冲突 $c(a_i, a_j)$ 设 $P_1 = (\tilde{\mathbf{N}}_1, \tilde{\mathbf{E}}_1), P_2 = (\tilde{\mathbf{N}}_2, \tilde{\mathbf{E}}_2) \in W$ 为数据感知过程,$\tilde{\mathbf{N}}_1 = \tilde{\mathbf{N}}_2 = \{a_1, a_2, \cdots, a_n\}$ 为事件集合。设 $\mathbf{A}_{n \times n}^1$、$\mathbf{A}_{n \times n}^2$ 分别为 P_1、P_2 的约束矩

阵。如果 $c(a_i, a_j)$ 即事件 a_i、a_j 是冲突的,当且仅当 $A_{ij}^1 \neq A_{ij}^2$。冲突集合 $\mathbf{C} := \{c(a_i, a_j) \mid A_{ij}^1 \neq A_{ij}^2\}$。

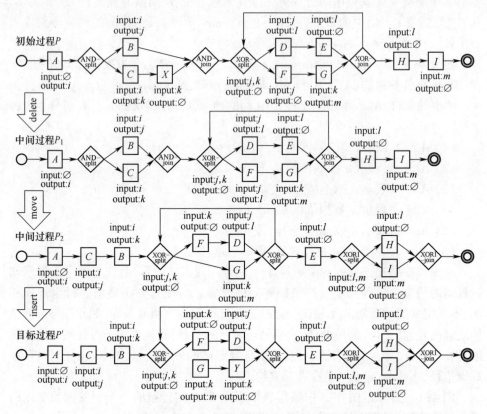

图 4-3 初始过程 P 向目标过程 P' 的转换

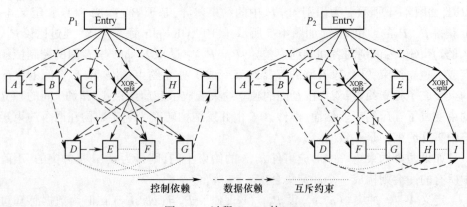

图 4-4 过程 P_1、P_2 的 ECG

通过移动操作可消除事件间的冲突。每次将 P_1 中产生冲突的一个事件由当前位置移动到 P_2 对应的位置,都会减少一次该事件与其他事件间的冲突,直到使 P_1 与 P_2 的约束矩阵完全相同。一种思路是移动冲突集合中的所有事件,直到 P_1 与 P_2 的约束矩阵完全相同,但这样得到的移动操作修改序列往往并不是最小修改序列。于是,我们利用数字逻辑的思想求移动操作序列的最优解。为应用此技术,将每个事件看作一个独立的输入信号,设计一个电路覆盖约束矩阵中全部冲突。如果事件 a_i、a_j 冲突,则将其中的一个或两个事件从 P_1 中的当前位置移动到 P_2 对应的位置,冲突得以解决,然后重置被移动的事件所对应行列中的事件约束。一个冲突可看作一个数字信号:当两个输入信号 a_i 和 a_j 都为"真"时,意味着不移动 a_i 和 a_j,则冲突存在,电路会输出"假"信号。如果将此应用于所有冲突,则会获得全部的"假"信号。同时,该电路会提示如何才能得到一个"真"信号输出,这个"真"信号的输出代表哪些事件是需要移动的。于是获得 P_1、P_2 冲突集合的逻辑表达式。由于优化逻辑表达式是 NP-hard 问题,有必要减少问题的规模。本书将涉及同一事件的冲突设置为一组,如果一个冲突 $c(a_i,a_j)$ 中的事件处于不同的组,则合并这两组,因此问题规模划分成几个子问题来解决。此外,优化逻辑表达式在离散数学中有大量的研究和讨论,利用约束矩阵和 Quine-McCluskey 算法能解决这一问题。

例 4-2(例 4-1 引申) 根据例 4-1 所描述的中间过程 P_1、P_2 的约束矩阵间的约束差异,能够构建冲突集合 $\mathbf{C} = \{c(R,E), c(D,F), c(E,F), c(E,G), c(F,G), c(H,I)\}$($R$ 指代 XOR-split)。利用数字逻辑的思想,获得冲突集合的逻辑表达式:$\overline{RE+DF+EF+EG+FG+HI}$。该问题可以划分为两个子问题:①事件 R、D、E、F、G 及冲突集合 $\mathbf{C}_1 = \{c(R,E), c(D,F), c(E,F), c(E,G), c(F,G)\}$;②事件 H、I 及冲突集合 $\mathbf{C}_2 = \{c(H,I)\}$。分别计算两个冲突集合的逻辑表达式,解决 C_1 的最优方案为 $\overline{RE+DF+EF+EG+FG} = \overline{E}\,\overline{F} + \overline{D}\,\overline{E}\,\overline{G} + \overline{R}\,\overline{F}\,\overline{G} + \overline{R}\,\overline{D}\,\overline{F}\,\overline{G}$,即移动事件 E 和 F 解决 $\mathbf{C}_1$ 中所有冲突;解决 $\mathbf{C}_2$ 的最优方案为 $\overline{HI} = \overline{H} + \overline{I}$,即移动事件 H 或 I 解决 $\mathbf{C}_2$ 中的冲突。最后执行步骤 4 插入 P 中不具有但 P' 具备的事件 Y,从而得到与目标过程 P' 事件约束完全一致的中间过程 P'',如图 4-5 所示。于是,根据上述识别的删除操作,移动操作和插入操作构成了一个引发约束变化的最小修改序列 $\eta = <\text{delete}(P,X)$, $\text{move}(P_1, E, \text{XOR-join}, \text{XOR1-split}, D, \text{XOR-join})$, $\text{move}(P_3, F, \text{XOR-split}, D, \text{XOR-split}, G)$, $\text{move}(P_4, H, \text{XOR1-split}, \text{XOR1-join}, \text{XOR-join}, I)$, $\text{insert}(P_2, Y, G, \text{XOR-join}) >$。

本书识别的引发约束变化的最小修改序列并不像现有方法那样确定一个最小修改序列将初始过程编辑成目标过程,而是将初始过程编辑成与目标过程事件约束一致的过程,这是因为过程间的控制流差异只要不影响事件间的约束,就能在系

P_1	A	B	C	R	D	E	F	G	H	I
A	‖	>	>	>	>	>	>	>	>	>
B	<	‖	‖	>	‖	>	‖	‖	‖	‖
C	<	‖	‖	>	‖	>	‖	>	‖	>
R	<	<	<	‖	⩾	⩾	⩾	⩾	‖	‖
D	<	‖	‖	⩽	‖	>	+	+	>	‖
E	<	<	<	⩽	<	‖	+	+	‖	‖
F	<	‖	+	⩽	+	‖	‖	‖	+	‖
G	<	‖	<	⩽	+	‖	‖	‖	‖	>
H	<	‖	‖	‖	<	‖	<	‖	‖	‖
I	<	‖	<	‖	‖	‖	<	‖	‖	‖

P_2	A	B	C	R	D	E	F	G	H	I
A	‖	>	>	>	>	>	>	>	>	>
B	<	‖	‖	>	‖	>	‖	‖	‖	‖
C	<	‖	‖	>	‖	>	‖	>	‖	>
R	<	<	<	‖	⩾	⩾	⩾	⩾	‖	‖
D	<	‖	‖	⩽	‖	>	+	‖	‖	‖
E	<	<	<	⩽	<	‖	‖	‖	‖	‖
F	<	‖	‖	⩽	‖	‖	‖	‖	+	‖
G	<	‖	<	⩽	‖	‖	‖	‖	‖	>
H	<	‖	‖	‖	‖	‖	<	‖	‖	+
I	<	‖	<	‖	‖	‖	<	‖	+	‖

图 4-5 中间过程 P_1、P_2 的约束矩阵

统中获得相同的效果及满足用户的需求,也就不需要对涉及这种差异的事件进行编辑,如图 4-6 中事件 B 或 C 并没有被移动。事实上,引发约束变化的最小修改序列 η 是实现初始过程转换成目标过程的最小修改序列 η′ 的子序列,即 η′ 可分解成两个子序列:引发约束变化的最小修改序列和不引发约束变化的最小修改序列。

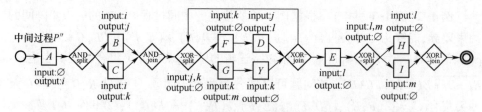

图 4-6 与 P′ 事件约束一致的中间过程 P″

本书利用 Quine-McCluskey 算法编程实现了基于约束矩阵计算一个最小移动修改操作序列,从而确定一个引发依赖变化的最小修改序列。该算法的运行时间随被移动的事件数目呈指数级增长,即 $O(3^n \times \ln(n))$,其中 n 为被移动的事件数目。构建数据感知过程的约束矩阵及识别约束差异的时间复杂度为 $O(m^3)$,其中 m 为过程事件数目。因此,本书方法的最大时间复杂度为 $O(m^3 \times 3^n \times \ln(n))$。

4.2.4 特殊情形分析

识别引发约束变化的最小修改序列主要目的是为过程开发者实现数据感知过程间的转换提供一个新思路,即只关注过程间的约束差异,而不是追求过程间的控制流完全一致。控制流差异指的是两个过程的控制流逻辑不同;约束差异指的是

两个过程的事件约束不同。多种情况下，数据感知过程间的控制流差异会引起约束差异，如并发结构转变成选择结构或循环结构，顺序结构转变成选择结构(如图 4-3 中事件 H 和 I 所示)或循环结构，存在数据交互的两个事件位置互换等。而控制流差异不会引起约束差异的情形存在以下 3 种。

（1）同一过程结构中，不存在数据交互的两个事件的位置互换，如图 4-7(a) 中两个过程，事件 B、C 的执行序列相反，但 ECG 是一致的。

（2）不存在数据交互的两个事件由顺序结构转换成并发结构，如图 4-7(b) 中处于顺序结构中的事件 B、C 转换为并发结构，但两个过程的 ECG 是一致的。

（3）并发结构中若同一分支上不存在数据依赖的两个事件转换到不同分支上，如图 4-7(c) 处于同一分支上的事件 B、C 转换成处于不同分支，两个过程的 ECG 是一致的。

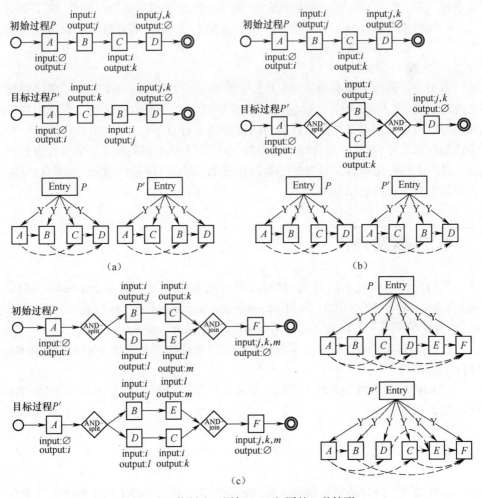

图 4-7 控制流不同但 ECG 相同的 3 种情形

通过上述3种情形的分析,有助于业务过程开发者快速分辨出数据感知过程间哪些控制流差异不会引起约束差异,从而简化涉及这些情形下的引发约束变化的最小修改序列的识别。

4.2.5 讨论

1. 本书方法的优势

在现有方法解决逻辑过程间转换的研究基础之上,本书将探索一种高效的解决数据感知过程间转换问题的方法,即不再要求识别的最小修改序列必须将初始过程转换成目标过程,而是只要能将初始过程转换成与目标过程的事件约束一致的中间过程。这种思想也是源于业务过程间一致性的研究,即只要两个过程的所有事件约束一致,这两个过程就是完全一致的,可进行相互替换。此外,由于本书采用的高级修改操作并不会影响事件的输入输出,因此本书方法并不会造成数据感知过程中的数据丢失或修改。

2. 本书方法的局限性

本书的局限性主要有两方面:①由于本书采用的Quine-McClusKey算法限制了过程的规模(不超过17个),这可能会威胁到本书方法的一般性。为克服这一问题可以通过采用具有更高运算能力的计算机及计算平台;②本书只是针对一个事件进行修改操作,且不包含结构化事件,也没有考虑对相关的多个事件构成的模块或者一个结构化事件及包含的子事件构成的模块进行一次性修改操作,这可能会限制本书方法的适用范围。

4.3 实验评估

我们设计了两组不同的实验场景,通过与OMDLA(order matrix-based digital logic approach)和MOMDLA(modified order matrix-based digital logic approach)的比较,多角度验证本书方法EDLA(eCG-based digital logic approach)。

(1) RQ1(准确性):EDLA实现数据感知过程间转换是否比OMDLA和MOMDLA更加准确?

(2) RQ2(时效性):EDLA实现数据感知过程间转换是否比OMDLA和MOMDLA更加高效?

4.3.1 对比方法

本书选取了过程转换领域最主流的算法及在该算法基础上提出的改进算法与

EDLA 进行比较。

（1）OMDLA：根据逻辑过程结构，定义其行为矩阵，通过比较初始过程与目标过程的行为矩阵，获得对应事件间的行为差异，从而确定冲突节点，最后根据Quine-McCluskey 算法对冲突节点集合进行数字逻辑计算，识别一个最小编辑操作序列。OMDLA 定义的行为矩阵中，不能区分并发结构和循环结构，因此 OMDLA 算法只适用于不带循环的逻辑过程。

（2）MOMDLA：以 OMDLA 为基础，重新定义了逻辑过程的行为矩阵，并在行为矩阵中引入控制节点（AND-split，AND-join，XOR-split，XOR-join），解决了带循环的逻辑过程间高阶编辑距离的计算，并进一步解决基本事件和结构化事件相互独立的逻辑过程间最短编辑距离的计算。

我们将 EDLA 与 OMDLA、MOMDLA 在同一平台和环境中进行实验，通过对比实验结果验证 EDLA 的准确性和时效性。

4.3.2 工具实现

为回答上述问题，本书设计并实现了一个自动化计算数据感知过程间转换的原型工具。通过输入两个 BPEL 格式的数据感知过程文件，它能计算两个过程间的编辑距离，并输出一个将初始数据感知过程转化成与目标数据感知过程的引发约束变化的最小修改序列。此外，我们也编程实现了 MOMDLA 和 OMDLA 的原型工具，以便和 EDLA 的原型工具产生的结果做比较。

4.3.3 实验设置

1. 实验参与者

我们在南京理工大学计算机科学与工程学院开展了实验，邀请了 2 名具有相似知识和技术背景的研究生参加我们的实验。他们参加了一个名为"过程感知信息系统"的研究生课程，获得了数据感知过程、过程演化的相关知识。我们请求这 2 名研究生根据真实的数据感知过程数据集构建出满足本书实验要求的过程。

2. 数据集

我们从某军港岸勤保障系统的业务过程管理库中选择了 10 个数据感知过程人为地调整生成适用于本书实验的数据集 W，其中构建的数据感知过程有 4 个带循环结构，6 个不带循环结构，每个过程的事件数目为 7~18 个。分别向每个过程中植入 5 个最小修改序列 η'，每个序列含有 4~8 个修改操作（1~4 移动操作），从而获得数据集 W'，包含了 50 对数据感知过程。事先从 η' 中分离出引发约束变化的修改序列 η 记录为真实测量值。而将 W' 中 50 对过程输入到不同方法的原型系统中计算的最小修改序列为测量值。

3. 实验标准

假设 η_1 是从数感知过程 P、P′转换所需的引发约束变化的最小修改序列，η_2 表示由 3 种方法反馈的引发约束的最小修改序列。如果 η_1、η_2 是等价的，则说明该方法找到了一个引发约束变化的最小修改序列，否则未找到。我们采用以下标准来评估 3 种方法的准确性，该标准已在多个研究中得到应用，即

$$accuracy = \frac{|\psi(\eta_1 = \eta_2)|}{\psi(\eta_2)}$$

式中：$\psi(\eta_2)$ 为所有数据感知过程中植入的引发约束变化的最小修改序列集合；$\psi(\eta_1 = \eta_2)$ 为 3 种方法获得的引发约束变化的最小修改序列。此外，我们也记录了不同方法计算(引发约束变化的)最小修改序列所需的运行时间系统开销，以做后续的时效性比较。一般情况下程序计算两个数据感知过程间(引发约束变化的)最小修改序列的最长时间为 105min，因此我们将计算运行时间设置阈值为 105min，当 3 种方法计算时间超过这个阈值时，认为该方法计算失败。

4. 实验程序

本书实验的执行程序分为 3 个阶段。第一阶段，将选择的 10 个合适的数据感知过程调整成符合实验要求的过程，即 4 个带循环结构，6 个不带循环结构，从而获得数据集 W。第二阶段，向 W 中的每个过程分 5 次植入不同的最小修改序列，每次都会得到一个目标过程，这些目标过程与其初始过程构成的过程对，形成数据集 W′，并从每次植入的最小修改序列中分离出引发约束变化的最小修改序列。第三阶段，将 W′ 中每对过程输入 3 种方法原型工具中，计算得到一个(引发约束变化的)最小修改序列及时间成本开销。此外，每个程序都设置了执行截止时间(105min)，若在此时间内未得出实验结果，则实验失败，认为该方法无法找到最优解。

4.3.4 实验结果

图 4-8(a)和(b)分别从准确性和时效性两个方面比较 EDLA 与 MOMDLA、OMDLA。实验结果表明：

(1) 当 BPEL 过程的事件数目超过 17 个(事件数目为 18)时，3 种方法的准确性都为零，这是因为 3 种方法所用的 Quine-McClusKey 算法受事件数目的影响非常大，即在规定时间内处理的过程规模不能超过 17 个事件，所以实现过程间的转换，要合理控制过程的规模。

(2) 随着事件数目的增加且不超过 15 个，EDLA 一直具有较高的准确性；当事件数目超过 15 个，准确性会迅速下降。当过程事件数目不超过 17 个，EDLA 的

平均准确性能达到 89.89%。

(3) 当事件数目为 8、9、11、16 时,MOMDLA 的准确性等于 0,说明该方法无法识别一个引发约束变化的最小修改序列;当事件数目为 7、10、13、15、17 时,MOMDLA 与 EDLA 具有相同的准确性,这是因为植入的最小修改序列就是引发约束变化的最小修改序列。

(4) 当事件数目为 7、8、9、10、11、13、16 时,OMDLA 的准确性也为零,主要归因于两点:①事件数目为 7、10、13、16 的过程带有循环结构,而 OMDLA 无法处理此种类型过程间的转换;②向事件数目为 8、9、11 的过程中植入的修改序列为最小修改序列而不是引发约束变化的最小修改序列,OMDLA 又无法识别引发约束变化的最小修改序列。

(5) 随着事件数目的增加尤其当超过 15 个时,3 种方法的时间开销都成指数级增长。由于 EDLA 在构建约束矩阵时不仅分析了数据感知过程的控制流而且分析了数据流,导致 EDLA 比另两种方法的时间开销都要稍高一些。

(6) 当事件数目为 7、10、13、16 时,由于 OMDLA 无法处理带循环结构的过程间转换,该方法的时间开销为 0。

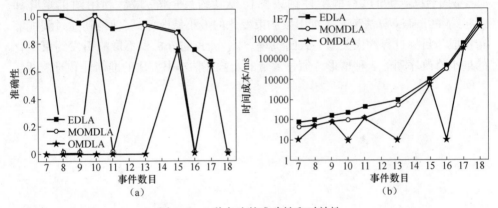

图 4-8　3 种方法的准确性和时效性

4.3.5　效度威胁分析

1. 结构效度

由于没有一个公开、公认的数据集进行本书实验,目标数据感知过程是通过建模者对源数据感知过程值入最小高阶编辑操作序列,人工生成的。这是受到软件测试工作的启发,软件测试者通过在程序中植入错误,验证测试方法的有效性。由于所有的初始数据感知过程都是来自真实世界,并且植入的最小修改序列是随机的、客观的,这个威胁对本书实验结果的影响并不严重。

2. 内部效度

由于我们没有找到 OMDLA 和 MOMDLA 公开可用的原型工具,但我们实现了它们的原型工具,这可能对本书实验结果的内部效度造成威胁。

3. 外部效度

本书实验所用的数据集包含了 50 对初始过程和目标过程,过程事件数量为 7~18 个。然而,实验样本的规模可能并不足以说明 EDLA 具有一般性。本书采用 BPMN 构建的数据感知过程,具有很好的适用性,然而是否适用于其他建模语言,如 Petri 网、UML、EPC 等,还需进一步验证。

4.4 本章小结

本书基于过程的事件约束而不是控制流逻辑探索数据感知过程间引发约束变化的最小修改序列识别问题。我们首先定义了数据感知过程的事件约束图,其次基于两个数据感知过程的事件约束图构建其约束矩阵,最后利用约束矩阵和 Quine-McCluskey 算法确定一个引发约束变化的最小修改序列,使得初始过程能够转换成与目标过程约束关系一致的过程。此外,我们分析了不影响引发约束变化的最小修改序列的 3 种情形。通过大量的实验评估本书方法的准确性和时效性。

第5章
基于可满足性模理论的服务组合测试用例产生方法研究

随着软件工程的发展和云计算的出现,面向服务的体系架构工作流(一种大规模编程模式),已成为当前开放式环境下开发即时应用的一种主流的技术。然而,这些应用(尤其是组合式工作流应用),经常会存在一些缺陷或者错误从而直接降低用户或者客户的满意度。因此,面向服务体系架构的测试与验证问题已经得到了越来越多的关注。Web 服务业务流程编程语言(web service business process execution language,WS-BPEL 或 BPEL)是当前开发面向服务的体系架构工作流应用的业界事实标准。BPEL 工作流应用可以被其他 Web 服务或者 BPEL 工作流应用直接调用。其中,单元测试、集成测试、系统测试这 3 种测试这几年得到了更多的关注。一个错误被发现的越晚,想要修正它付出的代价越高。因此,单元测试在验证 BPEL 工作流应用的正确性和可靠性方面是非常重要的。所谓单元测试,就是把每个单独的工作流当作一个单元来进行测试,并且要完整的测试它的整个内部逻辑。BPEL 工作流应用可以被视为一个交互系统。在接收一个简单对象访问协议(simple object access protocol,SOAP)消息后,一个 BPEL 工作流应用程序被实例化。然后,此实例执行应用程序的内部逻辑和调用 Web 服务或其他 BPEL 工作流应用程序来完成。SOAP 消息和 BPEL 工作流应用一直被相互驱动执行的。实际上,每个 SOAP 消息都是从客户端或其他 Web 服务接收的,BPEL 工作流应用程序也可以被看作其输入的一部分。因此,BPEL 工作流应用程序的单元测试用例可能更复杂,通常包括从合作伙伴 Web 服务接收的一系列 SOAP 消息。

在 BPEL 工作流应用程序的单元测试问题中,测试用例生成是最棘手的问题之一,许多研究也都集中在这一点。但大多数这些研究假设 BPEL 工作流应用的每个路径是可行的。然而,这个简单的假设很可能会产生不精确的测试用例从而使测试结果复杂化,因为没有测试数据可以执行不可行的路径。此外,BPEL 语言的独特特征(如死路径消除语义和关联机制)也是同样没有被考虑,或者部分没有被考虑的。因为这两个独特的特性给不可行路径的分析带来了很多困难,并为 BPEL 工作流应用程序的单元测试带来了巨大的问题。在这些研究中,BPEL 工作流应用的测试用例产生方法会生成无效的或者不精确的测试用例。这些无效的测试用例不仅浪费计算能力(产生无效实例),而且使测试结果复杂化。在最坏的情况下,生成的测试用例会产生大量无效实例,从而可能会使运行这些测试用例的服务器崩溃。因此,为解决这个问题,本书提出了一种新的测试用例生成方法;该方法可以避免产生无效的实例来有效地测试 BPEL 工作流应用。

本书方法基于可满足性模理论(satisfiability modulo theory,SMT),并分为3个步骤。首先,本书提出了一种新的覆盖标准:并发 BPEL 活动路径覆盖标准。其次,基于这个标准,本书将被测试的 BPEL 工作流应用对应的 BPEL 控制流图分解为测试路径。最后,每个并发 BPEL 活动路径用几个约束进行符号编码。符号编码不仅包括传统多线程程序(路径,程序顺序和读写约束)的约束,还包括 BPEL 工作流应用(同步和消息约束)的独特特征的约束。在 SMT 求解器的帮助下,可以快速确定并发 BPEL 活动路径的可行性。如果并发 BPEL 活动路径不可行,本书方法则直接放弃测试这个路径。否则,将从 SMT 求解器获得有效的测试用例(可行的并发 BPEL 活动路径和 SOAP 消息序列)。本书采用 SMT 求解器,因为它们的性能受益于最近在布尔可满足性求解器和 SMT 求解器的显著进步。我们使用本书的方法和其他典型的方法用 10 个典型的 BPEL 工作流应用做了对比试验。实验结果表明,本书方法生成的测试用例可避免实例化无效的测试用例,并发现更多的错误。

5.1 预备知识与启发式案例

为阐明为本章提出的面向 BPEL 工作流应用生成有效测试用例的方法,本节首先简要介绍了有关 BPEL 语言、覆盖标准和可满足性模理论(SMT)的基本知识;然后用一个实例来启发本书的研究方法。

5.1.1 预备知识

1. BPEL 概要

BPEL 是一种将合作伙伴 Web 服务组合到一起的一种语言。它通过两类活动来定义过程逻辑:基本活动和结构化活动。基本活动描述了过程行为的基本步骤,包括<receive>、<invoke>、<reply>和<assign>;结构化活动包括表达 BPEL 工作流应用的控制流逻辑的结构中的基本活动,包括<sequence>、<flow>、<pick>、<switch>、<while>和<if>,结构化活动可以递归地包含其他基本和/或结构化活动。

活动<flow>是一个描述并发和同步机制的结构化活动。包含在<flow>活动中的一组活动能够以任何顺序执行(除了由<sequence>定义的发生先前关系)。当且仅当其中包括的所有活动已完成时,<flow>活动才完成。此外,BPEL 通过 link 表达活动之间的同步依赖性。<flow>活动中包含的每个活动都有可选的传入和/或传出 link,每个 link 与<transitioncondition>相关联,每个目标活动与<joincondition>相关联。<joincondition>是对传入 link 的状态(true,false,unset)的布尔表达式,只有当所有传入 link 都获得其状态(true 或 false)时,才能评估<joincondition>。如果 suppressJoinFailure 属性的值设置为"yes",并目标活动(基本活动或结构活动)的 <joincondition>为 false,则不能执行此活动。然后,目标活动的传出 link 的状态设置为 false。这种情况将向下游传播,直到达到活动的<joincondition>,并可以执行该活动。这是一种先进的机制,称为"死路径消除"(dead path elimination, DPE)。

BPEL 语言还提供了关联机制,以保证 SOAP 消息到达具有特定状态和历史的特定实例以进行交互。此机制允许符合 BPEL 的基础设施使用相关令牌自动提供实例路由,前提是消息结构已明确定义。相关令牌的使用限于以这种方式描述的消息部分。

2. 覆盖准则

软件验证是软件工程的一个学科,其目标是确保软件完全满足所有预期的要求。软件验证主要包括两个基本方法:静态验证和动态验证。软件测试是软件验证的子类。通常,软件测试试图基于特定的样本标准(测试覆盖标准)来对软件的执行进行抽样,尤其是在结构测试中。传统的结构测试覆盖标准主要包括语句覆盖、分支覆盖和路径覆盖标准。在测试覆盖标准中,路径覆盖包含分支覆盖,分支覆盖包含语句覆盖。顺序语言和并发语言的测试覆盖标准是不同的。顺序语言的测试覆盖准则基于被测程序的模型(通常是指控制流模型),并发语言的测试覆盖准则基于被测程序的执行状态空间(通常是指可达性图)。众所周知,可达性图的构造是困难的。在可达性图中,每个路径对应于并发程序的可行路径。通常,确定可行路径需要检查程序逻辑(谓词的语义),并且一般采用符号执行的方法。本书提出的并发 BPEL 活动路径覆盖标准是一种基于控制流模型的测试覆盖标准。该标准处于分支覆盖和路径覆盖标准之间。

3. 可满足性模理论(satisfiability modulo theory,SMT)

可满足性是计算机科学理论和实践的核心问题之一,即确定约束表达的公式是否具有解的问题。约束满足问题出现在许多不同的领域,包括软件和硬件验证、类型推理、扩展静态检查、测试用例生成、调度、规划、图形问题等。可满足性模理论(SMT)是关于检查逻辑公式对一个或多个理论的可满足性。在 SMT 中,公式由一些符号定义,如:$+$,$\leq$,0 和 1。近年来,布尔满足性求解器和 SMT 求解器有了巨大的突破。今天,这一领域的流行工具是 Z3、Yices 等。本书使用 SMT 求解器来计算 BPEL 工作流应用程序的某个路径是否可行。如果此路径可行,SMT 求解器可以给出进一步的解决方案。这个解决方案被称为该测试路径的测试用例。

5.1.2 启发式案例

本节使用 BPEL 工作流应用军人积分奖励(SoldierPointReward)(该 BPEL 工作流应用是从××部队军人积分奖励流程中调整得到的)展示了 BPEL 工作流应用生成测试用例的挑战。我们也将此案例作为贯穿本章介绍本书方法的一个具体实例。BPEL 代码(以 XML 格式)是相当冗长的,因此,本书使用 UML 活动图(图 5-1)来描述此应用程序。××部队在每年年底根据军人积分进行奖励。军人积分(SoldierPoints)由两部分组成。一部分是 LoyaltyPoints,它随着服役年限(DurationTime)而逐年增加;另一部分是额外积分(BonusPoints),根据平时的各项表现来计算。此外,每个军人都需要一个账户来记录分数。此账户可以是手机号码也可以是电子邮件地址。

在图 5-1 中,每个中空节点表示 BPEL 活动,并且每个实线表示两个活动之间的转换。虚线表示两个活动之间的同步依赖性(<transitioncondition>的 link)。其他图例在图中被声明。同时,本书还向节点注释了附加信息,如活动的输入和输出参数,与外部 Web 服务的通信或 BPEL 工作流应用中的活动使用的任何 XPath 查询。此外,本书将节点编号为 $A_1, A_2, \cdots, A_{18}$,以便后续讨论。以下是 BPEL 应用程序 SoldierPointReward 的详细说明。该应用在从外部 Web 服务 P_1(或用户端)接收到 SOAP 消息时被实例化。然后,此应用程序调用名为 getSoldierInfo 的外部 Web 服务 P_2 从军人数据库检索军人信息。根据 DurationTime,此应用程序累积 LoyaltyPoints 到 BonusPoints 的奖励。然后,此应用程序通过外部 Web 服务 P_3 将当前军人信息更新到军人数据库。

根据 BonusPoints 和 DurationTime,××部队会给予军人相应的奖励。如果 BonusPoints 小于 1000 点,并且如果 Durationtime 小于 3 年,则调用外部 Web 服务 GlassGift(P_4)以向军人赠送水杯。如果 BonusPoints 小于 1000 点,并且如果 Durationtime 等于或超过 3 年,则调用外部 Web 服务 NotebookpaperGift(P_5)向军人赠送笔记本。如果 BonusPoints 等于或超过 1000 点,则同时调用外部 Web 服务 BeltGift(P_6)和 BackpackGift(P_7)以向军人赠送腰带和背包。然而,赠送背包还有另一个限制条件:服役年限超过 6 年。该应用程序通过服务 BeltGift 的调用和服务 BackpackGift 的调用之间的同步依赖性来表达约束。最后,电信将结果返回给外部 Web 服务 P_1。

与其他编程语言不同,BPEL 使用 XML 模式定义消息类型,并使用 XPath Query 访问它。这个 BPEL 工作流应用主要使用一个复杂的变量 SoldierInfo。为了

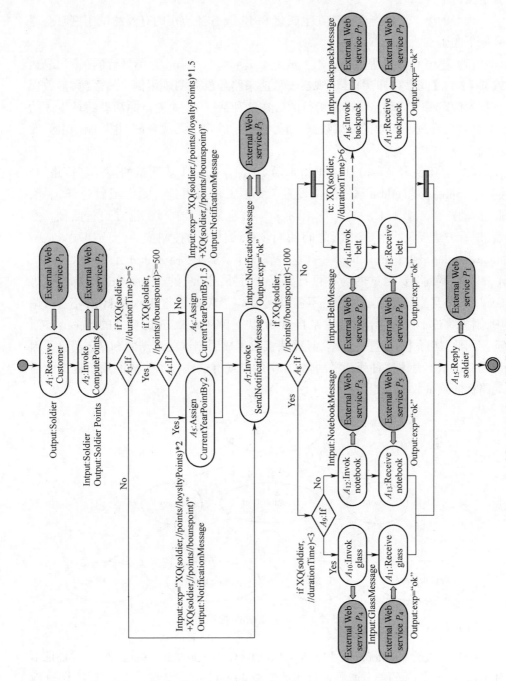

图5-1 ××部队积分奖励应用：SoldierPointReward

使读者清楚地理解这个 BPEL 工作流应用,本书展示了它的结构树而不是 XML 模式定义(图 5-2)。

现有的测试用例产生方法在生成此 BPEL 工作流应用的有效测试用例时会遇到如下的困难。

(1) 本书观察到活动路径 $A_1A_2A_3A_4A_5A_7A_8A_9A_{10}A_{11}A_{18}$ 是不可行的(谓词表达式 A_3 与 A_9 之间存在冲突)。该观察表示这条路径没有测试用例。然而,大多数现有技术假定每个活动路径都是可行的。在这种情况下,为测试此活动路径生成的 SOAP 消息序列是无效的测试数据,因为活动 A_{10} 与 A_{11} 无法测试,并可能产生无效实例。

(2) 活动路径 $A_1A_2A_3A_4A_5A_7A_8A_{14}A_{15}A_{16}A_{17}A_{18}$ 是需要测试的潜在可行路径。因为 suppressJoinFailure 属性的值设置为"yes",所以可选择执行或跳过 A_{16}。因此,活动路径 $A_1A_2A_3A_4A_5A_7A_8A_{14}A_{15}A_{16}A_{17}A_{18}$ 也是需要测试的潜在可行路径。然而,现有方法仅仅将 A_{14} 与 A_{16} 之间的同步依赖性视为控制依赖,而不考虑<transtioncondition>和<joincodition>。在这种情况下,活动路径 $A_1A_2A_3A_4A_5A_7A_8A_{14}A_{15}A_{16}A_{17}A_{18}$ 不是需要测试的潜在可行路径。另外,当 A_{16} 的<joincodition>被评估为 false 时,并且当跳过活动 A_{16} 时,不需要执行 A_{17}。Web 服务 BackpackGift 不会被调用,因为跳过了 A_{16}。A_{17} 是接收来自 Web 服务 BackpackGift 的反馈的<receive>活动。因此,实际上不能执行 A_{17},且无法接收生成的测试此活动的 SOAP 消息。因为现有技术不考虑这种死路径消除情况,所以现有这些技术生成的用于测试此活动路径的测试数据可能不精确。

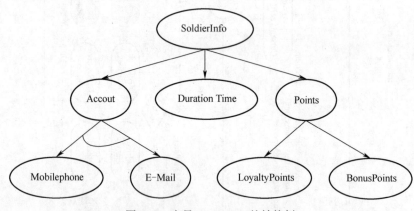

图 5-2 变量 SoldierInfo 的结构树

(3) 军人的 Mobilephone 和 SoldierUpdate、GlassStatus、BeltStatus、NotebookStatus 和 BackpackStatus 的部分必须通过相关集 MobilephoneSet 相关。也就是说,测试数

据必须将这些变量与相同的电话号码相关联。如果没有,则该消息序列将被视为无效消息,因为它创建了无法进行测试 BPEL 工作流应用的无效实例。无效实例是指被实例化,但不会被完全执行。

这些情况不仅浪费计算能力(无效实例),而且使测试结果复杂化。因此,在 5.2 节中,本书提出了一种生成测试用例的方法,该测试用例不会产生无效实例,从而可以有效地测试 BPEL 工作流应用。

5.2 并发 BPEL 活动路径覆盖准则

在介绍我们的测试覆盖标准之前,本节首先介绍了 BPEL 工作流应用的测试模型。此测试流模型类似于传统语言中的控制流图。本书需要插入一些额外的控制流边和节点来在<flow>活动中对 link 和 DPE 语义建模。例如,应当插入对应于<flow>与<sequence>节点的<endflow>与<endsequence>节点。此外,考虑到 link 语义,还增加了同步流(类似于控制流)。我们的测试模型的正式定义如下。

定义 5-1 (BPEL 控制流图,BCFG)BPEL 控制流图是有向图 $<N,E>$。

(1) N 是一组节点。在 N 中只存在一个入口和一个出口节点,而其他节点表示基本和结构活动。

(2) $E \subseteq N \times N$ 是一组有向边,并且从 n_i 到 n_j 的边 $<n_i, n_j> \in E$ 表示由 n_i 和 n_j 表示的两个基本活动和/或结构化活动之间的控制(由 Yes/No 表示)或同步流。

根据这个定义,图 5-1 中的 BPEL 工作流应用可以被建模为 BCFG(图 5-3(a))。两个图之间的映射细节在本书中省略。

在图 5-3(a)中,节点<flow>和<endflow>分别表示并发的开始和结束。节点<sequence>和<endsequence>也具有类似含义。A_{16} 通过 link 同步依赖 A_{14}。根据 BPEL 规范,当 A_{16} 的<joincodition>为假时,将跳过 A_{16}。

本书在 BCFG 的基础上定义了 BPEL 工作流应用中的交织和并发 BPEL 活动路径。交织是指符合在 BCFG 中定义的控制流和同步流的活动序列。例如,活动序列 $A_1A_2A_3A_4A_5A_7A_8A_{14}A_{15}A_{16}A_{17}A_{18}$ 和 $A_1A_2A_3A_4A_5A_7A_8A_{14}A_{16}A_{15}A_{17}A_{18}$ 是符合图 5-3(a)中的 BCFG 的控制和同步流的两个交织,这两个交织是等价的。因此,本书将这两个等效交织映射到同一个图:并发 BPEL 活动路径。图 5-3(b)表示对应于交织 $A_1A_2A_3A_4A_5A_7A_8A_{14}A_{15}A_{16}A_{17}A_{18}$ 的并发 BPEL 活动路径。它同样也对应于交织 $A_1A_2A_3A_4A_5A_7A_8A_{14}A_{16}A_{15}A_{17}A_{18}$ 和 $A_1A_2A_3A_4A_5A_7A_8A_{14}A_{16}A_{17}A_{15}A_{18}$。在本书中,对基于并发 BPEL 活动路径覆盖准则的 BPEL 工作流应用执行进行抽样。一个合理的测试集应该覆盖所测试 BPEL 工作流应用(BCFG)中的所有并发 BPEL 活动路径。

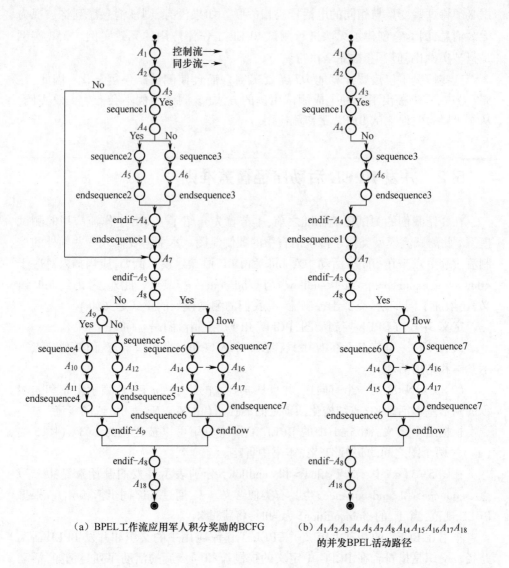

(a) BPEL工作流应用军人积分奖励的BCFG　　(b) $A_1A_2A_3A_4A_5A_7A_8A_{14}A_{15}A_{16}A_{17}A_{18}$ 的并发BPEL活动路径

图 5-3　BCFG 和并发 BPEL 活动路径

覆盖准则 5-1　并发 BPEL 活动路径覆盖标准。当且仅当对于每个可行的并发 BPEL 活动路径 $\in$ BCFG，至少存在一个执行它的测试用例 $t \in T$ 时，测试集 T 满足 BCFG 的并发 BPEL 活动路径覆盖准则。

在本研究中，本书选择并发 BPEL 活动路径作为覆盖标准，原因如下：①BPEL 工作流应用使用 SOAP 消息实例化实例，并分支执行实例。BPEL 工作流应用和分支实例具有自然关联。②与其他测试覆盖标准(如语句覆盖和分支覆盖)相比，并发 BPEL 活动路径覆盖可以找到更多的潜在错误。路径测试(分支覆盖标准)显然是最广泛的标准,因为它可以获得最确定的测试结果。然而,从需要测试无限(在大多数情况下)数量的路径的观点来看,这也是最不切实际的标准。③本书注意到,在 BPEL 工作流应用的<flow>结构中存在一些数据竞争,并且对应于相同并发 BPEL 活动路径的大多数交织是等效的。因此,本书选择并发 BPEL 活动路径覆盖准则来对 BPEL 工作流应用的执行进行抽样。

5.3　并发 BPEL 活动路径的分解方法

在 5.2 节中,本书提出了我们的测试覆盖标准:并发 BPEL 活动路径覆盖标准。本节将介绍如何将测试中的 BCFG 分解为符合覆盖标准的并发 BPEL 活动路径。

并发 BPEL 活动路径覆盖准则的分解可以通过两个步骤完成。第一,该算法将 BCFG 分解为一组子图:无选择 BPEL 控制流图(NC‐BCFG)。NC‐BCFG 是没有选择分支和循环的图。第二,该算法根据是否跳过目标活动将在第一步中导出的 NC‐BCFG 分解为并发 BPEL 活动路径。下面详细解释这两个步骤。

步骤1:基于 BCFG 的 NC‐BCFG 的分解。

BCFG 是具有一些附加结构化活动和同步流的并发控制流图。在该步骤中,该算法主要根据结构化活动<if><switch><which>和<pick>将该图分解为 NC‐BCFG。每个 NC‐BCFG 仅包含每个结构化活动的一个分支。本书使用图 5-4 中的算法 NC‐BCFGDecomposition 将与测试下的 BPEL 工作流应用相对应的 BCFG 分解为 NC‐BCFG。

首先,该算法定义了一个函数来找到 BasicChoiceStructure,它是一个不包含其他选择结构的选择结构。第二,该算法在 BasicChoiceStructure 中为选择节点"if""pick""switch"和"while"保存 sequenceSet 中的每个分支。如果 BCFG 包含循环"while",我们的遍历算法将跳过循环。第三,该算法用每个 BasicChoiceStructure 替换一个名为 correspondentNode 的唯一节点。重复该替换,直到在 BCFG 中不存在这样的 BasicChoiceStructure。因此,该算法获得其中每个 BasicChoiceStructure 被对应的节点代替的子图。第四,该算法递归地用对应节点代替 sequenceSet 中的其对应序列中的一个,直到 BCFG 中不存在对应节点。每个组合是一个 NC‐BCFG。

步骤2:NC‐BCFG 分解为并发 BPEL 活动路径。

图 5-4 算法根据是否跳过目标活动将 NC‐BCFG 分解为并发 BPEL 活动路径。根据 BPEL 规范,同步流的两种情况导致活动包含要跳过的<flow>活动。

```
Algorithm NC-BCFGDecomposition
Input BCFG:the BCFG under test
Output set<subGraph>:the set of NC-BCFGs
Begin
        While BCFG has BasicChoiceStructure
              findBasicChoiceStructure();
              If type[controlNode] is node "if"or"pick"or"switch"or"while"
                    sequenceSet←∅;
                    For each node in postSet[controlNode]
                          sequence←∅;
                          sequenceStartNode←node;
                          while next[node]!=∅&&next[node]!=sequenceEndNode
                                sequence←sequence∪next[node]
                                node←next[node];
                          endwhile
                          sequenceSet←sequenceSet∪sequence;
                    Endfor
              Endif
              replace the BasicChoiceStructure with a correspondentNode
        Endwhile
        set<subGraph>←∅;
        For each correspondentNode in BCFG
              replace it with sequence in its correspondentSequenceSet
              each combination is a NC-BCFG
              set<subGraph>←combination∪set<subGraph>
        Endfor
End
```

图 5-4　NC‑BCFGDecomposition 算法

（1）结构化活动（如<sequence>）的<joincondition>被评估为 false。其所有子活动（包含自身）将被跳过，因为它的子活动控制依赖。如图 5-5(a)所示，用虚线描绘了跳过的活动。

（2）基本活动的<joincondition>被评估为假。在这种情况下，只有这个基本活动将被跳过，如图 5-5(b)所示。

然而，另一种情况超出了 BPEL 规范。如图 5-5(b)所示，A_3是单向调用活动，A_4是负责接收单向调用的<receive>活动。如果跳过 A_3，如 BPEL 规范中所述，仍将执行 A_4。将不接收 SOAP 消息，因为 A_3 被跳过。换句话说，即使 A_4 是<receive>活动并且可以执行，A_4 也不会接收到 SOAP 消息。即使在 A_3 与 A_4 间不存在控制依赖

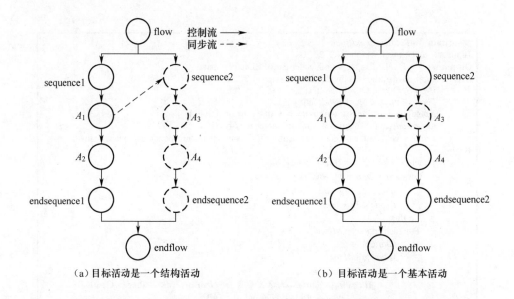

图 5-5 目标活动的两种情形

性,也应跳过 A_4。这种现象可以通过上面的定义来解释:A_4 是依赖 A_3 的异步调用。

(3) 单向<invoke>活动的<joincondition>被评估为假。在这种情况下,将跳过等待单向调用的回调的<invoke>活动及其后续<receive>活动。

因此,给出图 5-6 中的 TestPathDecomposition 算法以将 NC-BCFG(集合<subGraph(V,E)>)分解成并发 BPEL 活动路径(集合<TestPath(V,E)>)。下面给出一个详细的解释。该算法的基本思想是:如果可以跳过<flow>结构中的活动(如上述 3 种情况所述),则此活动有两个执行属性(true 或 false)。两个执行属性意味着活动是否在特定的并发 BPEL 活动路径中执行(true 表示执行,false 表示跳过)。并发 BPEL 活动路径是具有这两个属性的活动的组合。换句话说,并发 BPEL 活动路径是可以包含一些"死"活动(执行属性为真)和一些执行活动(执行属性为假)的路径。该算法使用 skippedSet [n] 来表示是否跳过活动 n。如果不跳过某个活动,则会为其分配执行属性 false / false。如果可以跳过某个活动(如上述 3 种情况中所述),则会为其分配执行属性 false / true。在这些步骤之后,此算法替换具有两个属性的活动,每个组合与两个执行属性中的任何一个创建并发 BPEL 活动路径。然后,该算法导出所有测试路径(<TestPath(V,E)>)。

```
Algorithm TestPathDecomposition
Input set<subGraph(V,E)>:the NC-BCFGs
Output set<TestPath(V,E)>:the set of concurrent BPELactivity paths
Declare skippedSet[n]:the set of nodes may be skipped
        rNodeSet[n]:the set of nodes that have been computed
        lStatusSet[n]:the set of rNodeSet[n]
        type[e]:the function that returns the type of e (link or activity)
        targetNode[e]:the function that returns target activity of link e
        x.tnReceiveNode:the function that returns the<receive>that corresponding to one way invoke x
Begin
    For each NC-BCFG in set<subGraph(V,E)>
        For each node n in NC-BCFG
            skippedSet[n]←false/false;
            rNodeSet[n]←∅;
        Endfor
        For each edge e in NC-BCFG
            lStatusSet←∅;
            If type[e]is"Link"
                tn←targetNode[e];
                If type[tn]is"BasicNode"&& tn is not"OneWayInvoke"/*Process Case1*/
                    rNodeSet[tn]←rNodeSet[tn] ∪ {tn};
                    skippedSet[tn]←false/true;
                    lStatusSet← lStatusSet∪ rNodeSet[tn];
                Endif
                If type[tn]is"Sequence"/*Process Case2*/
                    rNodeSet[tn]←rNodeSet[tn] ∪ {startNode...endNode};
                    skippedSet[startNode...endNode]←false/true;
                    lStatusSet← lStatusSet∪ rNodeSet[tn];
                Endif
                If type[tn]is"OneWayInvoke"/*Process Case3*/
                    rNodeSet[tn]←rNodeSet[tn] ∪ {tn,tn.cReceiveNode};
                    skippedSet[tn]←false/true;
                    skippedSet[tn.cReceiveNode]←false/true;
                    lStatusSet← lStatusSet∪ rNodeSet[tn];
                Endif
            Endif
        Endfor
        set<TestPath(V,E)>←∅
        For each NC-BCFG in set<subGraph(V,E)>
            For each lStatus in lStatusSet
                replace it with the skipped[Node] in its corresponding skippedSet[Node]
                each lStatus combination creates a concurrent BPEL activity path
                set<TestPath(V,E)>←combination ∪ set<TestPath(V,E)>
            Endfor
        Endfor
    Endfor
End
```

图 5-6 TestPathDecomposition 算法

5.4 并发 BPEL 活动路径的测试用例产生方法

本节用约束对从最后一步导出的每个并发 BPEL 活动路径进行符号编码。在 SMT 求解器的帮助下,本书可以快速判断并发 BPEL 活动路径的可行性。如果并发 BPEL 活动路径不可行,本书直接放弃测试。否则,本书将从 SMT 求解器获得测试用例(可行的并行 BPEL 活动路径和 SOAP 消息序列)。

与传统的多线程应用程序类似,BPEL 工作流应用包括路径、程序顺序和读写约束。这 3 个约束在本书中没有讨论。根据 BPEL 工作流应用的独特特性,本书提出了同步约束与消息约束以符号化编码 DPE(或 link)语义和关联机制。下面详细解释这两个约束。

同步约束主要关注 link 和 DPE 语义引入的执行顺序关系,可以建模如下。

(1)根据 link 语义引入的同步流,应该类似于程序顺序约束来对附加约束建模。任何两个活动之间的同步流可以被视为控制流,其可以被建模为程序顺序约束。否则,即使跳过目标活动,发生先后关系仍然存在。如图 5-5(b)所示,A_3 的<joincondition>假定为假。因此,应跳过 A_3。虽然 A_3 被跳过,但是在 A_1 和 A_3 之间仍然存在同步流。A_1 应该在 A_4 之前执行,因为在 A_3 和 A_4 之间仍然存在发生先后关系。

(2)根据目标活动是否被跳过(在并发 BPEL 活动路径用空白圆圈表示),A 的执行条件(EC)应被建模为约束。EC 是表示是否执行目标活动的布尔表达式。如果跳过目标活动,则此活动的 EC 为假的。否则,EC 是真的。根据上述的 link 和 DPE 语义,目标活动 A 的 EC 可以递归地构造如下:

$$EC(A) = JC(A) \tag{5-1}$$

$$JC(A) = f(S(L_1)S(L_2)\cdots S(L_n)) \tag{5-2}$$

$$\forall\ i \in [1,2,\cdots,n]: S(L_i) = L_i.\text{tc} \land EC(L_i.\text{source}) \tag{5-3}$$

式中:A 为在具有 $L_1, L_2, \cdots, L_n$ 传入链路(或者 A 是 $L_1, L_2, \cdots, L_n$ 的目标)的<flow>活动中的活动;$JC(A)$ 为活动 A 的<joincondition>;$L_i.\text{tc}$ 为链路 L_i 的<transitioncondition>;$L_i.\text{source}$ 为链路 L_i 的源活动;$S(L_i)$ 为链路 L_i 的状态;函数 $f(\cdot)$ 为一个任意的布尔函数,它指定目标活动的<joincondition>,如图 5-7(b)的<flow>活动包括 4 个活动。活动 A_{16} 只有一个传入 link。因此,$EC(A_{16}) = JC(A_{16}) = S(L_1) = L_1.\text{tc} \land EC(A_{14}) = L_1.\text{tc} \land \text{true} = L_1.\text{tc} = \text{DurationTime} > 6$。

消息约束主要表示由关联机制定义消息部分的相等关系。BPEL 规范提供了一种关联机制,以保证 SOAP 消息到达具有正确状态和交互历史的特定实例。如果测试用例消息序列中的两个 SOAP 消息不能通过消息属性相关联,则可能会产生无效实例。因此,应考虑消息约束。消息约束对模型的分析很简单。首先,应在 BPEL 工作流应用中指定消息接收活动,这些应用程序包括<receive>、request-response <invoke>和<onMessage>。其次,通过指定 WSDL 文档中定义的相关集(由相应组中的所有消息共享的一组属性),消息接收活动操作的消息的某些部分应该是等效的。让我们以图 5-3(b)所示的并行 BPEL 活动路径为例。军人的移动电话及关于消息接收活动的 SoldierUpdate、RingToneStatus、SMSStatus、NewspaperStatus 和 FeeStatus 的电话号码都应该相等。否则,此测试用例就实例化了一个无效的测试实例。

基于这些描述,本书总结了关于 BPEL 工作流应用的所有约束如下。

(1) 路径约束:这些约束在并发 BPEL 活动路径中关注变量分配(<assign>)和关联谓词(<if>,<while>,<pick>和<switch>)。由于该值是将确定的活动序列,本书通过一个新的符号值标记它。

(2) 程序顺序约束:这些约束关注了<sequence>中定义的活动间的部分顺序,这在 Wang 等的论文中有很好的定义。

(3) 读写约束:这些约束关注了可能通过<assign>活动在不同线程中写入的变量。

(4) 同步约束:这些约束关注了由包含在<flow>活动中的 link 和 DPE 语义引入的同步流。

(5) 消息约束:这些约束关注在关联机制中定义的消息部分的相等关系。

我们以图 5-7(a)为例来解释我们的方法。图 5-7(a)为从最后一节导出的并发 BPEL 活动路径。其中 A_{16} 是单向<invoke>活动,A_{17} 是负责接收调用的<receive>活动。因此,当跳过 A_{16} 时,也跳过 A_{17}。程序顺序约束很容易建立。此并发 BPEL 活动路径的路径约束是 A_1、A_2、A_3、A_4、A_5、A_7、A_8 和 A_{15} 的赋值和谓词。活动 A_{16} 和 A_{18} 对这些约束的建模没有影响。因此,它们可以被忽略。所有约束都显示在图 5-7(b)中。在 SMT 求解器 Yices 的帮助下,本书可以获得消息序列(如 phoneNumber0 = "1", DurationTime0 = "6", LoyalPoints0 = "500", BonusPoints0 = "400", Nofication0 = "ok", BeltMessage = "ok")来有效地测试这条路径。

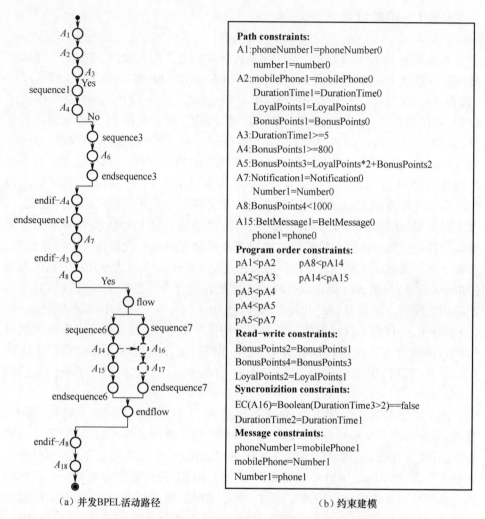

(a) 并发BPEL活动路径　　　　　　　(b) 约束建模

图 5-7　潜在可行并发 BPEL 活动路径的约束建模

5.5　实验验证

本节展示了利用本书方法做的几个实验。此外,我们将本书方法与两种典型方法用错误发现百分比和由测试用例创建的无效实例数量进行了比较。基于消息序列生成的方法是一种集成测试方法。

5.5.1 实验设置

本书使用 10 个 BPEL 工作流应用来评估我们方法的有效性。这 10 个应用程序来自一些流行的 BPEL 引擎(如 ActiveBPEL、IBM BPWS4J 等)和 BPEL 规范(表 5-1)。这些应用程序也用于其他 BPEL 测试。本书使用 A~J 表示相应的 BPEL 工作流应用。"应用程序""源""元素""LOC"列表示 BPEL 工作流应用的名称、BPEL 工作流应用的源、XML 元素的数量和每行代码的行数应用程序。此外,列"COR"和"Link"描述了关联集和 link 是否在 BPEL 工作流应用中使用。为实现我们的实验,本书选择了一个称为代理的装置来模拟这 10 个 BPEL 工作流应用程序的合作伙伴 Web 服务。代理生成器根据服务规范生成平台特定的代码框架,以及根据框架代码模拟组件行为的代理引擎。模拟是平台无关的,类似的模拟单元测试代理的模拟方法比如桩模拟和模拟都是平台无关的。代理是一个模拟装置,类似于知名的短线和模拟。可以从服务描述(如 WSDL)生成代理并且为其他程序(如测试引擎)提供 API 以在运行时动态地配置其行为。当接受调用(BPEL 工作流应用程序的出站消息)时,代理返回特定结果(作为本书方法中测试数据的一部分)。事实上,代理不仅可以用于模拟不可用组件的输出,而且还可以用于模拟与依赖组件的交互。在我们的实验中,所有 BPEL 工作流应用及其虚拟合作伙伴 Web 服务(代理)在 ActiveBPEL(版本 4.1)引擎中运行。它们形成了我们实验的基础。

为了评估本书方法,我们实验需要这些 BPEL 工作流应用的一些错误版本。然而,开发者很少发布一些错误的版本。因此,为了继续这些实验,我们邀请研究合作伙伴(非作者)将错误植入表 5-1 中列出的 10 个原始应用程序(本书将错误划分为 3 类,即 BPEL、WSDL 和 XPath)。植入 BPEL 中的错误主要是一些逻辑错误或与执行结果相关的一些拼写错误。对于 BPEL 错误的类别,本书方法可以通过其执行结果找到它们。植入 WSDL 中的错误主要是不正确的类型、消息、端口类型和绑定(如不正确的 XML 模式定义,不正确的操作定义或输入/输出消息的滥用)。对于这一类的错误,本书方法可以在 BPEL 工作流应用程序的执行过程中找到它们。例如,如果基本活动 <invoke> 中断,则它可能表示不正确的绑定。XPath 可以与 XML 消息的文档模型(XML 模式)配对,以提取所需的内容。然而,根据 XML 模式的结构,多个路径可能满足相同的 XPath,但从同一 XML 消息中提取不同的内容。然而,在 XML 模式中指定不同的实体可以共享相同的基本数据类型,如字符串,它们可以用于不同的目的。使用不兼容(在语义的意义上)的消息在 BPEL 工作流应用中执行后续工作流活动可能会导致集成错误。在我们实验中,这些错误被指定为 XPath 错误。

表 5-1　实验程序的相关信息

编号	应用程序	源	元素	LOC	COR	Link
A	SoldierPointReward	Telecommunications	125	332	Yes	Yes
B	ATM	ActiveBPEL	94	180	Yes	No
C	GYMLocker	BPWS4J	23	52	Yes	No
D	LoanApproval	ActiveBPEL	41	102	No	Yes
E	MarketPlace	BPWS4J	31	68	Yes	No
F	Auction	BPEL Specification	50	138	Yes	No
G	RiskAssessment	BPEL Specification	44	118	No	Yes
H	Loan	Oracle BPEL Process Manager	55	147	No	No
I	BPEL1-5	Apache ODE	23	50	Yes	No
J	Travel	Oracle BPEL Process Manager	39	90	No	No

每个错误版本只有一个错误种子,以保证每个错误的独立性。本书共创建了 80 个错误版本。表 5-2 描述了植入错误的分布。与表 5-1 相同,本书使用 A~J 表示 BPEL 工作流应用。行"BPEL""WSDL""XPath"分别表示 BPEL 工作流应用、WSDL 文件、XPath 查询中错误的数量。在最后一行中,本书计算了每个应用程序中植入的错误总数。类似地,在最后一列中,对每个类别的总错误进行了计数。

表 5-2　植入错误的分布情况

Ref.	A	B	C	D	E	F	G	H	I	J	合计
BPEL	5	4	3	5	2	2	3	4	2	4	34
WSDL	5	3	2	3	3	2	2	3	2	2	27
XPath	4	2	1	2	3	1	1	2	1	2	19
Total	14	9	6	10	8	5	6	9	5	8	80

为了说明本书方法的优点,应用本书方法(并发 BPEL 活动基于路径的测试用例生成,表示为 CBAP)、基于消息序列图(MSG)的消息序列生成和并发路径分析(CPA)方法到 10 个 BPEL 工作流应用。为了公平,在我们的实验中,我们让 MSG 的合作伙伴 Web 服务的调用结果符合其输入。此外,本书假设 MSG 生成的消息序列的数量等于 CBAP 生成的测试用例数量。

5.5.2　实验结果与分析

本节描述实验结果和比较分析。

表 5-3 描述了我们的实验中错误发现数量和百分比的结果。如上所述,列 A~J 表示表 5-1 中的对应的 BPEL 工作流应用。行 CBAP、MSG、CPA 分别表示本书方法、基于消息序列图(MSG)的消息序列生成方法和并发路径分析(CPA)方法。这些列中的数据显示了由相应方法生成的测试用例显示的相关应用程序中植入的错误数(BPEL、WSDL 和 XPath 的序列)和百分比(由第一行中的标签指定第一列)。例如,位于第二行(由标签 CBAP 指定)和第五列(由标签 D 指定)的单元格中的数据是(5,5,4)和 100。也就是说,5 个 BPEL 错误、5 个 WSDL 错误是和 4 个 XPath 错误是由 CBAP 生成的测试用例发现的。同时,程序 D(BPEL 程序 LoanApproval)中植入的错误是由 CBAP 生成的测试用例发现的。最后一列"Avg"显示每种方法发现的错误平均百分比。

表 5-3 错误发现的数目和百分比

参数	A	B	C	D	E	F	G	H	I	J	Avg
CBAP	(5,5,4) 100	(4,3,2) 100	(3,2,1) 100	(5,3,2) 100	(2,3,3) 100	(2,1,1) 80.0	(3,2,1) 100	(4,3,2) 100	(2,2,1) 100	(4,2,2) 100	98.0
MSG	(2,3,3) 42.9	(2,2,1) 55.6	(3,2,1) 100	(2,2,2) 60.0	(2,3,3) 100	(2,1,2) 80.0	(1,2,1) 66.7	(2,3,2) 77.8	(2,2,1) 100	(3,2,1) 75.0	76.6
CPA	(2,4,3) 50.0	(3,2,1) 66.7	(1,0,0) 16.7	(5,3,2) 100	(1,0,0) 12.5	(1,1,2) 60.0	(3,2,1) 100	(4,3,2) 100	(0,0,0) 00.0	(4,2,2) 100	60.6

表 5-3 揭示了本书方法(CBAP)比 MSG 和 CPA 可以发现到更多的错误。此外,CBAP 几乎可以发现 10 个 BPEL 工作流应用中植入的所有错误。本书通过比较每个 CBAP 行中的数据与 MSG 和 CPA 行中的数据,进一步分析了实验结果。每个 CBAP 行中的值均高于同一列 MSG 和 CPA 行中的值。因此,本书方法可以发现几乎所有植入这些 BPEL 工作流应用中的错误,除了应用程序 F(BPEL 工作流应用 Auction)。但是,此异常仅占 10%。在检查 F 的错误版本并从运行的测试用例收集信息后,本书找到一个与错误的合作伙伴 Web 服务捆绑在一起的版本。此服务调用结果不影响后续进程。自然地,CBAP、MSG 和 CPA 都难以发现这种类型的缺陷。此外,对于 BPEL 工作流应用 A、B、D 和 G,由 CBAP 生成测试用例的错误发现百分比明显高于 MSG 生成的测试用例的百分比。从 A 和 B 中,本书发现 A 和 B 包含比其他 BPEL 工作流应用更多的选择分支(主要包含<if>和<Pick>)。这个结果表明,在这种类型的 BPEL 工作流应用中,CBAP 可以发现比 MSG 更多的错误。因此,可以看出由 CBAP 生成的测试用例在发现 BPEL 工作流应用错误时,比 MSG 生成的测试用例更有效。对于 BPEL 工作流 A、B、C、E、F、I 和 J,由 CBAP 生成的测试用例的错误发现百分比高于由 CPA 生成的测试用例的百分比。特别地,对于 BPEL 程序 C、E 和 I,由 CPA 生成的测试用例几乎不会发现

该类型的错误。通过表 5-1,本书可以观察到所有这 3 个 BPEL 工作流应用程序包含相关集。此外,本书仔细检查了这 3 个应用程序的错误版本,发现在方法 CPA 的 C、E 和 I 中只有一个测试路径。也就是说,这 3 个应用程序只有一个测试用例。由于方法 CPA 不考虑 BPEL 工作流应用中的关联集,这种方法自然很难生成有效的测试用例来测试这些应用程序。然而,对于不包含关联集的应用 D、G、H 和 J,方法 CPA 是有效的。因此,通过比较显示了 CBAP 生成的测试用例在这 10 个 BPEL 工作流应用程序中具有更有效地发现错误的能力。

本书还收集了通过 3 种方法创建的无效实例数量,以比较 CBAP、MSG 和 CPA 的有效性。实验结果如表 5-4 所列。行 A~行 J 的含义与表 5-1 中的相同。这些列中的数据显示了测试用例创建的无效实例的数量,这些无效实例由相应的方法生成。最后一列"Sum"汇总无效实例的总数。列 CBAP、MSG 和 CPA 分别表示本书方法、基于消息序列图(MSG)的消息序列生成方法和并发路径分析(CPA)方法。表 5-4 显示 CBAP 不创建无效实例。然而,MSG 创建了 7 个无效实例,CPA 创建了 10 个无效实例。

表 5-4 无效实例的数量

参数	A	B	C	D	E	F	G	H	I	J	合计
CBAP	0	0	0	0	0	0	0	0	0	0	0
MSG	6	0	0	1	0	0	0	0	0	0	7
CPA	5	1	1	0	1	1	0	0	1	0	10

在我们的实验中,外部有效性主要源于以下几个方面。首先,本书只选择一些典型的应用程序来测试我们的方法的可行性。测试结果表明本书方法是有效的。然而,本书在我们的实验中仅使用有限数量的程序和某些类型的错误。像大多数其他实验研究一样,我们的实验研究结果可能不被推广到涵盖所有情况。考虑到这一点,我们计划在未来将本书方法应用于大规模的 BPEL 工作流应用。其次,本书在 ActiveBPEL 引擎(4.1 版本)中进行实验。然而,一些特征和通信模型相对于 BPEL 引擎是不同的。为减少这些威胁,我们计划在不同的平台上进行实验。最后,本书用代理,一个模拟装置进行实验,模拟真正的合作伙伴 Web 服务。虽然这种仪器是可靠的,但它也可能给我们的实验带来一定的威胁。在未来的工作中,我们计划寻求更可靠的模拟装置来试验我们的方法。

5.5.3 时间复杂度分析

我们的测试覆盖准则的分解方法包括 NC‐BCFGDecomposition 算法和 TestPathDecomposition 算法。因此,本书方法的时间复杂度是这两种算法的总和。

NC-BCFGDecomposition 算法将与测试中的 BPEL 工作流应用相对应的 BCFG 分解为 NC-BCFG。此算法包含 3 个嵌套循环和组合。N_c 是 BasicChoiceStructure 的数目,N_b 是对应于每个 BasicChoiceStructure 的最大分支数,N_a 是每个分支中包含的活动的最大数目。三重嵌套循环的时间复杂度为 $O(N_c \times N_b \times N_a)$,组合的时间复杂度为 $O(\prod_{b=1}^{N_c} N_b)$。因此,NC-BCFGDecomposition 算法的时间复杂度为 $O(N_c \times N_b \times N_a + \prod_{b=1}^{N_c} N_b)$。TestPathDecomposition 算法将从上一步导出的 NC-BCFG 分解为并行 BPEL 活动路径。此算法包含"for"循环中包含的两个循环。N_m 是 NC-BCFGDecomposition 算法派生的 NC-BCFG 的数目,N_n 是包含在每个 NC-BCFG 中的链路的数目。TestPathDecomposition 算法的复杂度为 $O[N_m \times (N_n + 2^{Nn})]$。因此,我们的分解方法的时间复杂度为 $O[(N_c \times N_b \times N_a + \prod_{b=1}^{N_c} N_b) \times N_m \times (N_n + 2^{Nn})]$。因此,当分支和 link 的值大于阈值(工作流应用程序太大)时,两种算法的时间复杂度将太大。在这种情况下,我们的方法可能需要一个策略来降低其复杂性。

5.6 与相关工作的比较

本节回顾一些关于 BPEL 工作流应用的测试用例生成的相关工作,并将它们与我们的工作进行比较。由于 Web 服务是 BPEL 工作流应用的基础,已经提出了许多方法来解决生成 Web 服务的测试用例的问题。这些方法主要基于以下模型:WSDL、本体论、决策表、控制流图、模型检验和合同。此外,提出了许多有趣的方法或技术用于面向服务的工作流应用的测试用例生成,如表 5-5 所列。

在 BPEL 工作流应用生成测试用例的诸多问题中,测试目标和范围非常重要,因为它们影响测试策略和方法。与此同时,选择"正确"测试模型来描述复杂的工作流应用程序以及工作流应用程序和合作伙伴服务之间的交互也很重要。除此之外,是否考虑 BPEL 工作流应用(DPE 和关联机制)的独特功能以及是否实例化无效实例是另外两个指标,用于比较我们与其他人的工作。

在表 5-5 中,一些方法与我们的基于约束的方法类似。Yan 等[2]提出了扩展控制流图(XCFG)来表示 BPEL 工作流应用。在 XCFG 中,生成所有顺序测试路径,然后组合以形成并发测试路径。符号执行用于提取测试路径的约束。最后,他们使用约束求解器来解决约束和生成的测试用例,以测试 BPEL 工作流应用程序。Yuan 等[3]提出了一个称为 BPEL 流图(BFG)的图形模型来描述 BPEL 工作流应用的控制流图。通过遍历 BFG 可以得到 BPEL 工作流应用的并行测试路径。类似

表5-5 面向服务的体系架构的工作流应用测试用例产生方法的比较

文献	测试目标	测试范围	基本方法	测试模型	覆盖标准	特征 DPE	关联机制	空闲实例
Li 等	错误检测	CS[①]	控制流分析	CFG	网页排序	×	×	×
Mei 等	错误检测,XPath 不匹配	CS	数据流分析	XRG	全部查询(pu,du)	×	×	×
Ni 等	错误检测,空闲实例	CS	随机测试	MSG	—	×	√	×
Yan 等	错误检测	S[②]	约束求解	XCFG	基本路径	√	×	×
Yuan 等	错误检测	S	图搜索	BCF	路径	√	×	×
Liu 等	错误检测	S	约束求解	BPMN	路径	√	×	×
Dong 等	可达性,死锁	CS	图搜索	HPN	路径	×	×	×
Hummer 等	最小测试用例集	CS	数据依赖分析	FoCus	K 节点数据流	×	×	×
Lallali 等	时间准确性	CS	—	IF	测试目的	×	×	×
Endo 等	覆盖标准的准确性	CS	—	PCFG	所有 s 节点,所有 r 节点	×	×	×
Huang 等	谓语绑定,数据绑定	CS	模型校验	过程模型	—	×	×	×
本文方法	错误检测,空闲实例	S	约束求解	BCFG	并发 BPEL 活动路径	√	√	√

注:① CS 是组合服务的缩写,包括工作流应用程序和参与服务;
② S 是服务的缩写,由基本服务和组合服务组成,仅包括工作流应用程序。

地,约束求解方法用于为每个并发测试路径生成测试数据。Liu 等[4]提出了一种使用 BPEL 工作流应用实现的 Web 服务组合的结构测试方法。该方法使用基于 BPMN 的模型来表示控制流,这与本书方法相似。可以通过遍历 BCFG 来导出 BPEL 工作流应用的测试路径。这 3 种方法基于 BPEL 工作流应用的流程图。主要区别是我们考虑了 DPE 语义和关联机制。此外,我们基于并发 BPEL 活动路径覆盖准则和 SMT 求解器生成测试用例。Mei 等[5]解决了 BPEL 工作流应用程序中 XPath 可能导致的集成问题,如从 XML 消息中提取错误的数据。此外,Mei 等提出了一套测试覆盖标准,从数据流的角度测试 BPEL 工作流应用。他们主要关注 XPath(用于操作 XML 文档)。他们开发了称为 XPath 重写图(XRG)的图形模型,以关注如何用逐步方式将 XPath 从一种形式重写为另一种形式。基于此模型,他们还研究了 BPEL 工作流应用的回归测试的测试用例优先级。Ni 等[6]基于 MSG 生成消息序列,其具有消息序列和消息参数的信息。这种方法主要考虑关联机制,并基于随机测试生成消息序列。然而,这个工作可能仍然实例化一些无效实例。本书方法在结构化测试的基础上生成消息序列,并以并发 BPEL 活动路径覆盖标准对 BPEL 的执行进行抽样。考虑到 DPE 语义和关联机制,我们的方法生成的测试用例实例化没有空闲实例。然而,Ni 等的方法是一种轻量级方法。在一些没有 link 活动和较少谓词的 BPEL 工作流应用中,他们的方法更加实用和有效。

除了错误检测和空闲实例,一些方法集中在测试目标的其他指标上。为探测死锁和可达性,Dong 等[7]提出使用 HPN 来描述 BPEL 工作流应用。他们还实现了一个名为 Poses++的工具,用于从 BPEL 到 HPN 的自动转换,并且还能够生成测试用例。为了找到最小的测试用例集,Hummer 等[8]将服务之间的数据依赖视为潜在的错误点,并介绍了 k 节点数据流测试覆盖度量。他们认为,他们的方法可以帮助显著减少测试组合的数量。为了测试时间的属性,Lallali 等[9]提出了一种具有定时测试目的的测试用例生成算法,以指导来自 IF(中间格式)规范的测试生成。根据规范和复合 Web 服务的实现之间的时间:轨迹包含关系(一致性关系),产生测试用例。为证明所使用的覆盖标准的准确性,Endo 等[10]尝试了他们的方法在 3 个不同的例子:CGD、贷款审批和尼斯之旅。为了验证他们定义的数据绑定属性,Huang 等[11]提出了对工作流应用程序进行模型检验。他们的工作流应用程序的模型检验技术是基于 OWL-S(Web 本体语言 Web 服务)和模型检验器 BLAST 的过程模型。

除了这些方法,Mayer 等[12]和 Li 等[13]提出了两个单元测试框架。这两个工作都使用存根进程来模拟在测试过程中正在开发或不可访问的部分,这种方法也在我们的工作中被使用。

5.7 本章小结

BPEL 工作流应用逐渐成为在开放环境中开发即时应用的主流技术,它们的正确性和可靠性获得越来越多的关注。在本书中,提出了一种基于 SMT 求解器的方法来生成用于有效测试 BPEL 工作流应用的测试用例。基于并发 BPEL 活动路径覆盖准则,本书提出了将 BPEL 工作流应用分解为满足我们的覆盖准则的测试路径的算法。考虑到 DPE 语义和 BPEL 的关联机制,本书用 5 种约束对每个测试路径进行符号编码。在 SMT 求解器的帮助下,我们求解了这些约束,并获得了有效测试 BPEL 工作流应用的测试用例。

第6章
基于最优控制的服务组合回归测试选择

随着云计算的出现,面向服务的工作流(一种大规模编程模式)已逐渐成为在开放环境中开发即时应用的主流技术。Web服务业务流程执行语言(WS-BPEL或BPEL)是开发业务流程执行语言(BPEL)工作流应用最流行的标准之一。BPEL工作流应用可以通过组合Web服务或其他BPEL工作流应用来提供增值服务。然而,这些应用通常存在一些错误或缺陷,特别是在服务组合的演化期间。这些应用的维护是昂贵的。平均来说,这些维护活动(尤其是回归测试)占软件生命周期总成本的2/3。如果重新使用旧的测试用例和结果,那么可以降低回归测试的成本。因此,回归测试选择(也称选择性再测试技术)是软件演化过程中提供质量保证的最重要的方法之一,近年来越来越受到关注。

回归测试选择是确保演化的BPEL工作流应用质量的有效技术,在本书中作为一种最优控制问题。其中,被测BPEL工作流应用作为受控对象,测试结果作为反馈,回归测试选择策略作为相应的控制器。通过选择要重新运行的原始测试用例的一些子集,回归测试选择方法试图减少重新测试修改的BPEL工作流应用所需的时间和资源。该控制问题的性能指标是选择最少的测试用例来测试修改的BPEL工作流应用,这类似于最优控制中的最少燃料控制问题。此外,一个好的控制器(回归测试选择方法)应该是安全的,这意味着它必须从原始测试集中选择所有可能会被发现错误的测试用例。对这个问题已经研究了很长时间。然而,大多数现有方法识别受影响的组件,从语法角度而不是语义(行为)角度选择测试用例。例如,为确保正确性或提高服务组合的效率,通常在BPEL工作流应用中重新排列或并行化两个活动。在这种情况下,由于两个版本中的两个活动所呈现的不同语法,一些方法可能会重新运行一些不必要的测试用例,而不发现任何错误以测试修改的BPEL工作流应用。我们的观察是,在两个版本中的两个相应的活动执行后,状态是一致的。换句话说,尽管两个版本中的两个活动的执行顺序不同,但这两个活动仍可能具有相同的行为。因此,修改的BPEL工作流应用中的活动不是受影响的组件,并且此应用程序不需要重新测试。虽然一些方法从行为角度研究了这个问题,但它们是不安全的,即它们可能忽略检测修改版本中错误的一些必要的测试用例。此外，BPEL的特征(死路径消除语义、异步通信机制、多重赋值等)也为回归测试选择问题带来了巨大的问题。例如，由于这些特征，BPEL工作流应用的两个活动可能具有不同的形式(语法)，但是具有相同的行为。因此，修改后的BPEL工作流应用也可能不需要重新测试。然而，很少有人研究关注这个问题。为了解决这些问题，在本书中提出了一种安全的控制器(回归测试选择方法)，用BPEL程序依赖图和程序切片计算指导活动的行为差异。我们的方法主要源于一个启发式规则：若修改后的BPEL工作流应用中的活动行为不同于旧版本，则需要选择相应的测试用例。

程序依赖图是表征软件工程中程序语句之间的控制和数据依赖关系的中间表示。相关文献已介绍了程序依赖图主要用于增量程序测试、优化和程序分析。BPEL程序依赖图通过引入一些新的依赖关系扩展了程序依赖图的概念。本书采用BPEL程序依赖图和程序切片方法来识别需要重新测试的修改后的BPEL工作流应用的所有受影响的组件。通过使用语义(行为)而不是语法定义"受影响的组件"，本书方法可以识别被BPEL工作流应用中任何位置的修改直接或间接地影响的组件。本书方法分为3个步骤。首先，为便于比较程序依赖图，给出了将BPEL工作流应用转换为通用BPEL形式的3个规则。这3个规则分别对应于死路径消除、异步通信机制和多重赋值的独特特征。其次，建立了对应于两种通用BPEL形式(BPEL工作流应用及其修改版本)的程序依赖图。为此，应分析各种活动之间的BPEL程序依赖性。我们主要关注控制依赖、数据依赖和异步调用依赖。最后，采用程序切片方法来识别修改的BPEL工作流应用的所有受影响的组件，并选择要重新运行的相应测试用例。本书方法不仅能够选择执行新的或修改的活动的测试用例，而且能够选择删除活动的测试用例。

6.1 预备知识与启发式案例

6.1.1 预备知识

本书方法将回归测试选择视为最优控制问题，并从基于BPEL程序依赖图的行为差异指导的原始测试集中选择测试用例。软件测试被认为是一个控制问题，为方便读者理解本书方法，首先介绍BPEL语言的基础知识和BPEL程序依赖图的概念。

1. 软件测试作为控制问题

软件测试被认为是一个控制问题并遵循软件控制论的思想。软件控制论是1994年首次提出的，探讨了软件理论、工程与控制理论和工程之间的相互作用。

它将软件测试视为控制问题,其中被测试的软件作为受控对象,测试策略作为控制器。被测软件和相应的测试策略构成闭环反馈控制系统,如图 6-1 所示。

图 6-1　软件测试作为一个控制问题

软件测试中的反馈机制被形式化定义,并且可以根据先验知识给出测试目标设计和优化测试策略。这种观点的来源是系统地将控制理论应用于软件测试过程,并在理论上提供严格的软件测试基础。

2. BPEL 程序依赖图

引入 BPEL 程序依赖图,主要关注控制依赖、数据依赖和异步调用依赖。

非形式化地,当且仅当 A_i 表示条件分支或入口活动(假设每个 BPEL 工作流应用具有入口活动)的谓词,其直接控制是否执行 A_j 时,活动 A_j 是控制依赖活动 A_i。参见图 6-2 中的 BPEL 工作流应用。如图 6-2(a)所示,BPEL 工作流应用中 $A_1 \sim A_9$ 的所有活动都控制依赖入口活动。数据依赖可以分为 def-use 依赖、use-def 依赖和 use-use 依赖 3 类。当且仅当在 A_i 处定义的变量在 A_j 处使用时,活动 A_j 是依赖活动 A_i 的 def-use 依赖。另外,当且仅当在 A_i 处使用的变量并且在 A_j 处被定义时,A_j 称为依赖活动 A_i 的 use-def 依赖。当且仅当在 A_i 和 A_j 两者处使用变量时,A_j 被认为是依赖活动 A_i 的 use-use 依赖。在图 6-2(a)的 BPEL 工作流应用中,活动 A_2 是依赖活动 A_1 的 def-use 依赖,因为 A_2 使用在 A_1 处定义的变量 waterInput。use-def 依赖和 use-use 依赖没有出现在这个应用程序中。异步调用是异步通信机制引起的。当且仅当 A_j 是负责接收前一单向"调用"活动 A_i 的响应的<receive>活动时,活动 A_j 是异步调用依赖活动 A_i 的。参见图 6-2(e)中的 BPEL 工作流应用,活动 A_{10} 与活动 A_6 是异步调用依赖关系,因为 A_{10} 负责接收 A_6 的应答。

在 BPEL 程序依赖图中主要抓住这 3 种依赖关系,其中节点表示除了入口节点的基本或结构活动,并且边表示两个节点之间的一些依赖关系。为准确描述 BPEL 工作流应用,每个控制依赖边缘可以标记为 True(T)或 False(F)。另外,数据相关边应该附加到相关变量,但是为了便于表示,这种数据标记被省略。下面给出了 BPEL 程序依赖图的形式化定义。

定义 6-1(BPEL 程序依赖图)　BPEL 程序相关图是有向图 < N,E >,其中:

(1) N 是一组节点。在 N 中有一个入口节点,而其他节点表示活动。

(2) $E \in N \times N$ 是有向边的集合,并且从 X~Y 指向的边<X,Y>∈ E 表示由 X 和 Y 表示的两个活动之间的控制、数据或异步调用依赖性。

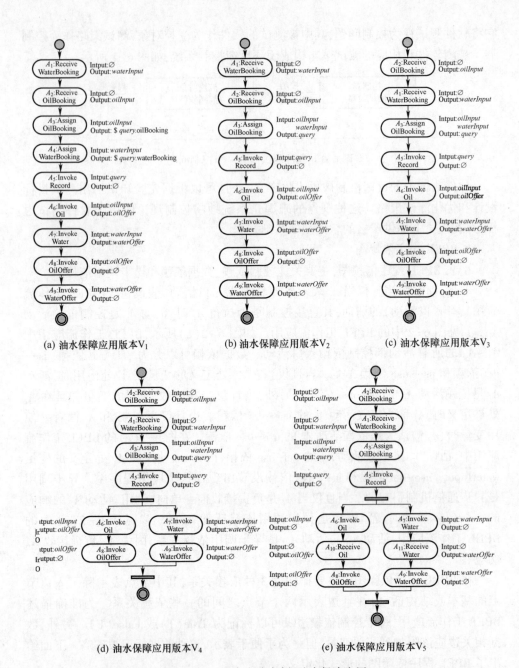

图 6-2 一个启发式案例:油水保障应用

这3种依赖关系可以通过 BPEL 工作流应用的控制流程图和数据流分析得到。图 6-3 所示为 BPEL 工作流应用 V_1 版本(图 6-2(a))的 BPEL 程序依赖图。在该 BPEL 程序依赖图中,控制依赖性和数据依赖性由实线和点画线箭头描绘。

值得注意的是,在这个 BPEL 工作流应用中没有任何异步调用依赖。

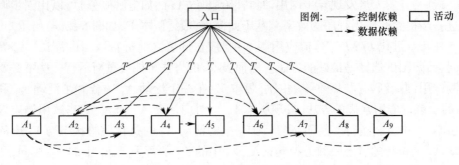

图 6-3　V_1 版本对应的 BPEL 程序依赖

6.1.2　启发式案例

本节使用 BPEL 工作流应用——油水保障工作流应用作为一个运行的例子来启发我们的方法。这是一个众所周知的应用程序,在许多研究中都被当作案例来使用。首先简要概述 BPEL 工作流应用。

为了直观表达,使用构建 BPEL 代码(以 XML 格式)的 UML 活动图来描绘这些应用程序。在每个活动图中,节点表示 BPEL 活动,边表示两个活动之间的转换。此外,还用提取的应用程序信息注释节点,例如活动的输入和输出参数。图 6-2(a)所示为初始版本 V_1,其描述了油水保障的 BPEL 工作流应用。在从用户接收订购信息时,油水保障应用开始为用户选择适当的油料服务和水补给服务。同时,此应用程序记录从所有用户端接收的订单信息以建立数据库。最后,该应用将结果(服务的确认消息)返回给用户端。随着这个 BPEL 工作流应用的使用增加,开发人员逐渐发现这个应用程序的一些缺陷。因此,开发人员进行了以下增量修改。每次增改对应一个 BPEL 工作流应用版本。

首先,程序开发人员发现没有必要使用两个活动来将 *oilInput* 和 *waterInput* 分配给变量查询。根据 BPEL 规范,它们可以合并为一个活动。因此,程序开发者将图 6-2(a)版本 V_1 修改到图 6-2(b)版本 V_2。

其次,开发人员注意到在某些情况下接受油料预订(A_2)的失败率远远高于接受水补给预订(A_1)。当油料补给预订的接收活动失败时,油水保障不得不取消接收水补给预订的信息。为解决这个问题,将活动 A_1 调整为在有效活动 A_2 之后执行。因此,它演变到图 6-2(c)中的 V_3 版本。

再次,为提高此应用程序的效率,开发者发现油料补给服务(A_6)和通知活动(A_8)可以和水补给服务(A_7)和通知活动(A_9)同时执行,而不是顺序执行,此应用变为图 6-2(d) 中的版本 V_4。

最后,开发人员发现异步调用油料补给服务(A_6)(如电脑服务)可以比同步调用进一步提高此应用程序的效率。基于此模型,最终版本 V_5 如图 6-2(e) 所示。

在每个进化 BPEL 工作流应用版本中,应在部署之前进行适当的测试。毫无疑问,回归测试选择是最好的方法。然而,现有的方法可能会重新运行一些不必要的测试用例。例如,与版本 V_1 相比,版本 V_2 在一个活动 A_4 中合并了活动 A_3 和 A_4 的功能。应用常规的方法,发现版本 V_1 中对应活动 A_3 和 A_4 的测试用例应该在版本 V_2 中重新运行。然而,观察到 V_2 中的活动 A_4 的执行后的状态与 V_1 中的活动 A_4 的执行的状态一致。换句话说,V_2 中的 A_4 的行为与 V_1 中的 A_4 相同,并且 V_1 和 V_2 的输出相同。因此,不需要测试 V_2 版本。当版本 V_4 被修改为版本 V_5 时,存在类似的情况,因为异步调用和同步调用对这个应用程序的输出没有什么影响。V_4 中的活动 A_6 的行为与 V_5 中的活动 A_{10} 相同。从版本 V_2 修改到版本 V_3,也同样值得注意。虽然 A_1 和 A_2 的执行方式不同,但版本 V_3 中 A_2 的行为与版本 V_2 中的 A_1 相同,因此版本 V_2 和 V_3 将产生相同的结果。因此,版本 V_3 不用测试。当版本 V_3 修改为 V_4 时同样有类似的分析。可以很容易地发现版本 V_4 中的活动 A_6、A_7、A_8 和 A_9 的行为与版本 V_3 中的活动的行为相同。所以版本 V_4 的测试也是不必要的。从这些情景中发现,现有的回归测试选择条件可以进一步放宽。本书提出了一个最优控制器,用 BPEL 活动的行为差异指导在 BPEL 工作流应用中选择测试用例。这也是本章最重要的创新点。

6.2 回归测试用例选择作为一种最优控制问题

假设多个版本的 BPEL 工作流应用不断更新发布到市场,从一个版本更改为另一个版本,以提高底层软件功能和质量,这就构成了 BPEL 工作流应用演化过程。然而,这些应用通常存在一些错误或缺陷,特别是在服务组合的演化期间。这些应用的维护是昂贵的。一般来说,回归测试几乎占软件生命周期成本的一半以上。通过选择要重新运行的原始测试用例的一些子集,回归测试选择方法是减少重新测试修改的 BPEL 工作流应用所需的时间和资源。可以认为 BPEL 工作流应用的回归测试选择方法是一个最优控制问题,是软件工程与控制理论之间的相互作用。在本书中,受测试的修改的 BPEL 工作流应用作为受控对象,并被建模为 BPEL 程序依赖图,其中回归测试选择策略作为相应的最优控制器。来自测试原始版本的测试结果作为先验知识给出,并且可视为对测试修改版本的反馈。最优控制策略(回归测试选择策略)被设计为控制器并根据测试目标进行优化。更一般地,被测软件和相应的回归测试选择策略构成了如图 6-4 所示的闭环反馈控制系统。

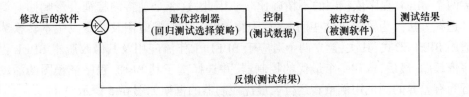

图 6-4　回归测试选择作为最优控制问题

将 BPEL 工作流应用的回归测试选择问题视为最优控制问题。此控制器的输入是对应于原始 BPEL 工作流应用的原始测试用例。此控制器的输出是选择的用于测试修改的 BPEL 工作流应用的测试用例。用最少的测试用例来测试修改后的 BPEL 工作流应用类似于最优控制领域的最少燃料控制问题。该最优控制问题说明如下。

1. 软件系统模型

与传统的控制系统模型不同,被测软件系统模型不是一个明确的模型,不能用状态方程来表示。一般来说,测试下的 BPEL 工作流应用可以由其相应的控制流程图或程序依赖图来表示。本书中将 BPEL 程序依赖图作为测试模型。

2. 允许的控制集

被测试的修改的 BPEL 工作流应用的输入域或给定的测试集 C 包括来自测试原始 BPEL 工作流应用的测试用例集的 m 个测试用例 $C_1, C_2, \cdots, C_m$。

3. 性能指标

$$J = \sum_{j=0}^{m} |u_j(t)| \tag{6-1}$$

式中:u 为测试用例;$\sum_{j=0}^{m} |u_j(t)|$ 为选择用于测试修改的 BPEL 工作流应用的所有测试用例。

研究人员指出,回归测试的频繁执行对成功的应用程序开发至关重要。BPEL 工作流应用重新运行回归测试用例可能是一个长时间运行和耗时(几天甚至几周)的过程。另外,有偿服务(对于具有访问配额或每次使用基础的服务)或交易服务的中断也需要为尽快发现错误执行测试集。因此,需要寻求一个最优控制策略,以选择尽可能少的测试用例来测试修改后的 BPEL 工作流应用。它类似于传统的最少燃料控制问题。此外,一个有希望的控制器(回归测试选择方法)应该是安全的,这意味着它必须从原始测试集中选择所有可能会被发现错误的测试用例。因此,必须全面考虑这两个要求。

本节提出了一个由行为差异指导的安全控制器(回归测试选择方法),它是基于 BPEL 程序依赖图定义的。然而,死路径消除的独特特征(其是隐式结构)使得难以建立 BPEL 程序依赖图。此外,异步通信机制和多重分配的独特特征也会导致两个 BPEL 程序依赖图的不精确比较。因此,这 3 个独特的特征会影响回归测试选择方法。为了解决这些问题,首先将 BPEL 工作流应用及其修改版本转换为通用 BPEL 形式;其次,建立两个对应于 BPEL 工作流应用及其修改版本 BPEL 程序依赖图;最后,构建一个最优的控制器,并选择基于其 BPEL 程序依赖图的活动行为有差异的测试用例重新运行。最优控制器的框架如图 6-5 所示。

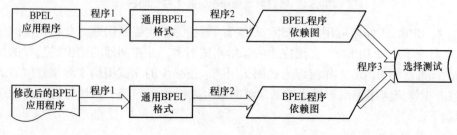

图 6-5 最优控制策略的方法框架

6.3　BPEL 工作流系统模型

本节提出了将 BPEL 工作流应用及其修改版本转换为通用 BPEL 形式(软件系统模型)的 3 个规则。这 3 个规则分别对应于 DPE(<link>)、异步通信机制和多重赋值的独特特征。通过转化可以有效地识别活动行为差异引起的受影响组件。因此,可以选择来自原始测试集的较少测试用例来测试修改版本。为与前面的行文一致,还使用 UML 活动图来描述以下转换规则。

在第一个转换规则中,将 DPE 或<link>结构(隐式结构)转换为显式结构。转换规则是基于 suppressJoinFailure 属性的值设置为"yes"。将<link>作为基本活动,并将其连接条件作为决策条件。根据<link>和 DPE 语义的规范,在 BPEL 工作流应用中有 4 种情况。对于这 4 种情况,转换规则 1 可以处理 DPE 或<link>的所有情况。

转换规则 1:(<Link>或 DPE)如果 BPEL 工作流应用包括<link>,则:

情况 1:只有一个<link>。

如图 6-6 所示,活动 A、B 和 C 表示 3 个基本活动,这 3 个活动都在活动<flow>中。虚线表示<link>,实线表示两个活动之间的控制流。B 的转换条件为 tc_1,B 的连接条件分别为默认值。根据<link>语义,情况 1 的转换规则可以在图 6-6 中描述。在这个规则中,将<link>变换为正常控制流节点,并且该活动表示 $l_1 = tc_1$,其后是决策活动。该决策活动的条件是 l_1。

情况 2:两个<link>顺序连接。

如果两个<link>依次连接,则根据上述初步中的 DPE 语义,可以在图 6-7 中描述转换规则。

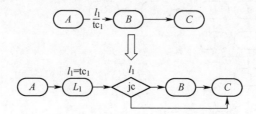

图 6-6　转换规则 1 中的情况 1 的图例说明

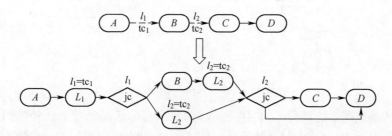

图 6-7　转换规则 1 中的情况 2 的图例说明

情况 3:活动有两个传入的<link>。

如果活动具有两个进入的<link>,则根据<link>语义,可以在图 6-8 中描述变换规则。该图中,Θ 表示 l_1 和 l_2 之间的任意关系(如>、∪、≠等)。

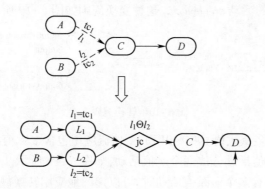

图 6-8　转换规则 1 中的情况 3

情况 4:<link>的源活动包括在谓词结构(<while>、<if>、<pick>)中。

如果<link>的源活动被包括在谓词结构中,则转换规则可以被描述为图 6-9。该图中,活动 F 是否执行由谓词活动(如<if>)决定。因此,活动 L_1 表示 l_1 = if(if 表示谓词活动的判定条件<if>)。

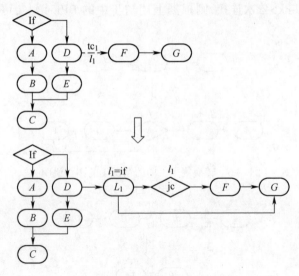

图 6-9 转换规则 1 中的情况 4

在转换规则 1 的情况 1~4 中，<link>的每个目标活动是基本活动。如果目标活动是结构活动，则其中包括的活动也将被跳过。此外，以递归方式应用这 4 种情况，直到 BPEL 工作流应用中没有任何这样的结构。

转换规则 2：(通信机制) 如果 BPEL 工作流应用中包含请求-响应调用 <invoke>，则：

将这个同步调用<invoke>转换为异步调用<invoke>，其后是一个负责接收单向<invoke>的响应的活动<receive>。这种变换规则如图 6-10 所示。

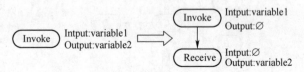

图 6-10 转换规则 2

转换规则 3：(多重赋值) 如果 BPEL 工作流应用包含多赋值<assign>，则：

将一个多重赋值活动分成两个赋值活动，如图 6-11 所示。实际上，转换后的功能是一致的。当有多个多赋值活动时，可以递归地应用转换规则 3。

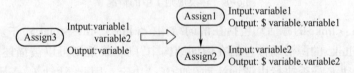

图 6-11 转换规则 3

通过这3个转换规则,可以将 BPEL 工作流应用转换为通用 BPEL 形式。连续应用这些转换规则,直到不能使用转换规则。这些变换的复杂性随着3个独特特征规模的增加而线性地增加。

6.4 最优控制策略与算法

本节提出了安全的控制策略(回归测试选择方法)。首先,解释一些简要的定义;其次,根据活动的行为差异提出了最优控制策略;最后,证明了本书算法在受控回归测试下是安全的。形式化地,BPEL 回归测试选择问题定义如下。

定义 6-2(BPEL 回归测试选择问题) 给定 BPEL 工作流应用 P,P 的修改版本 P' 以及测试集 T,以找到用来测试 P' 的 T 的子集 T'。

本书的回归测试选择方法受启发式规则的启发,即如果修改的 BPEL 工作流应用中的活动行为不同于旧版本,则需要重新运行其相应的测试用例。因此,有必要首先定义活动行为。

定义 6-3(活动行为) BPEL 工作流应用中的活动行为是在执行期间在该点出现的值的序列。

例如,对于赋值活动(<assign>),该行为是分配给左侧变量的值的序列。对于谓词活动(如<if>、<while>等),该行为是其评估的布尔值序列。对于 BPEL 工作流应用 P_1 和 P_2 中的活动 A_1 与 A_2,如果 P_1 和 P_2 的输入相同,并且在 A_1 与 A_2 处出现的值序列是相等的,那么 A_1 与 A_2 的行为是等价的;否则,A_1 与 A_2 的行为是不同的。

如果程序依赖图切片相对于活动 A_1 和对应活动 A_2(可能在不同的 BPEL 工作流应用中)的顶点是同构的(其中边缘类型标签以及图形必须同构),则活动 A_1 与 A_2 具有等效的活动行为。在本书中,基于 BPEL 程序依赖图,主要使用反向程序切片来计算一个活动的行为。也就是说,当对一个活动感兴趣时,可以从它往后走。然后,得到一个 BPEL 程序依赖图向后切片(为了方便,在下面使用 BPEL 程序依赖图切片)。BPEL 程序依赖图切片包括 BPEL 工作流应用中直接或潜在影响给定活动的那些活动。因此,如果修改版本中的活动 A_2 和旧 BPEL 工作流应用中的活动 A_1 的 BPEL 程序依赖图切片是同构的,则这两个活动的行为是等价的。换句话说,修改版本中的活动 A_2 的行为不受修改的影响。因此,对应于原始版本中的 A_1 的测试用例不需要在修改的版本中重新运行以测试活动 A_2。否则,对应于 A_1 的测试用例需要在修改后的版本中重新运行。

因此,最优控制器的目标是识别原始 BPEL 工作流应用与其变体之间的差异(受影响的组件),然后从原始测试集中选择适当的测试用例来(重新)运行测试修改版本。在本书中,将原始 BPEL 工作流应用与修改后的 BPEL 工作流应用之间的区别分为删除、修改和添加 3 类。为方便展示,用 Old 代表一个 BPEL 工作流应用,New 代表一个通过修改 Old 创建的变体。两个应用的投影关系可以在图 6-12 中描述。实线圆圈表示 Old,点画线圆圈表示 New。

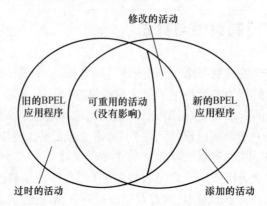

图 6-12　两个 BPEL 工作流应用的映射关系

删除的活动表示活动仅对 Old 有效,而不存在于 New 应用中,而添加的活动表示活动仅对 New 有效,而不存在 Old 中;修改的活动表示活动对 Old 和 New 都有效,但活动属性或非条件活动以某种方式改变。从图 6-12 中发现,受影响的组件不仅包括在 New 应用中的添加和修改活动,而且包括 Old 的删除活动。为保留两个 BPEL 工作流应用之间的对应关系,假定 Old 中的每个删除活动对应于 New 中的<empty>活动,New 中的每个添加活动对应于 Old 中的<empty>活动。由于本书方法受启发式规则的启发(如果修改后的 BPEL 工作流应用中的活动行为与旧版本中的活动行为不同,则需要重新运行相应的测试),对应于<empty>活动的测试用例 New 应该重新运行,并且 New 中的活动对应于<empty>中的活动应该生成新的测试用例。这个假设可以帮助我们解释本书方法。非形式化地有以下假设。

假设 6-1　假设 Old 中的一个<empty>活动对应于 New 中的每个添加的活动,并且 New 中有一个<empty>活动对应于 Old 中的每个删除的活动。

实际上,在修改 BPEL 工作流应用之后,回归测试选择技术将希望为修改的应用程序选择足够的测试用例,并运行这些测试用例来测试修改后的应用程序。一个合理的方法是运行足够的测试用例来测试 New 的每个受影响的组件。基于假设 6-1 可以看到添加活动的行为,<empty>活动(删除的活动)和一些 New 的修改活动与 Old 的不同。这 3 个类别活动定义为"受影响的组件"。形式化地,基于假设 6-1,定义受影响的组件如下。

定义 6-4(受影响的组件)　当两个 BPEL 工作流应用在同一个输入上被评价时,New 的 Activity A 是一个受影响的组件,当且仅当它的行为不同于 Old 中的相应活动的行为。

本书方法是从原始测试集中选择测试用例,以保证每个受影响的组件都被执行。换句话说,如果重用的测试用例仅仅是测试未受影响的组件,则不应选择此测试用例。

测试数据充分性准则是程序的测试集必须满足的最低标准。例如,语句覆盖标准要求程序中的所有语句至少由一个测试用例执行一次。在测试集充分性准则中存在至少有基于控制流的标准(例如,语句覆盖标准)、基于数据流的标准和基于程序依赖图的标准 3 个标准。虽然本书方法适用于任何一个标准,但它更自然地与基于程序依赖图的标准相关联。本书基于 BPEL 程序依赖图来选择测试新的测试用例,考虑全活动覆盖准则(实际上,它等同于控制流标准中的全语句覆盖标准和程序中的全顶点依赖图覆盖标准)。形式化地:

定义 6-5(全活动覆盖标准) 当且仅当对于 BPEL 程序依赖图中的每个活动存在至少一个执行它的测试用例 $t \in \mathbf{T}$ 时,测试集 $\mathbf{T}$ 满足 BPEL 程序依赖图的全活动覆盖准则。

虽然在本书中使用全活动覆盖准则作为测试充分性准则,本书方法还可以扩展到其他测试充分性准则,如全边界标准等。综合上述这些知识,我们提出了基于 BPEL 程序依赖图和 BPEL 程序依赖图切片的最优控制器。本书方法主要包括两个步骤。

1. 识别允许的控制集

首先,为保证 BPEL 工作流应用 Old 和 New 正常终止,引入了一个名为等效执行模式的概念。它描述如何区分 New 的活动及如何使用这个概念在下一步中执行测试用例选择。

定义 6-6(等效执行模式) 如果 A_1 与 A_2 分别是 Old 和 New 的两个活动,并满足以下条件:

(1) 对于 Old 和 New 都正常终止的任何输入文件,A_1 与 A_2 执行相同的次数;

(2) 对于 Old 正常终止但 New 不存在的任何输入文件,A_2 的执行次数最多与 A_1 相同;

(3) 对于 New 正常终止但 Old 不存在的任何输入文件,A_1 的执行次数最多与 A_2 相同。

则 A_1 与 A_2 具有相同的执行模式。

此定义假设 BPEL 工作流应用 Old 和 New 都正常终止,活动 A_1 和 A_2 在任何给定输入上执行相同的时间。如果 BPEL 工作流应用包含非终止循环或者发生错误(如调用错误的 Web 服务或除以 0),则 BPEL 工作流应用可能无法正常终止。如果 BPEL 程序 Old 无法正常终止,那么它可能无法获取正在测试的活动。因此,该活动在非终止 BPEL 程序 New 中将执行较少次数。考虑 BPEL 工作流应用 Old 和 New 中的活动 A_1 和 A_2 分别具有相同的执行模式,则 A_1 和 A_2 在同一个执行类中。此外,由于 A_1 与 A_2 在同一个执行类中,A_2 也被 t 执行(假设 New 在 t 上正常终止)。任何包含 Old 和 New 的活动的类都将为 New 活动提供测试用例。除了这个定义,还有一种将 Old 和 New 的活动划分为执行类的算法。

根据将 Old 和 New 的活动划分为执行类的算法,引入了一种算法用于确定 **T** 中哪些测试用例可用于在 New 中执行活动。这在图 6-13 中的算法允许控制集中给出。算法的输入之一是函数 f_{Old},其将 Old 的每个活动映射到 **T** 中的测试用例集中。该函数可从上述测试集 **T** 中构建。算法的输出是一个函数 f_{New},它将 New 的每个活动映射到 **T** 中的一组测试用例,以便对其进行操作。首先根据等效执行类来区分活动;然后,第一个"for"循环负责在 New 中标识修改的活动和删除的活动(<empty>),并将它们相应的测试添加到 f_{New}。该算法还标识可能需要生成新测试用例的活动,即映射到 Old 中的 <empty> 的活动。因此,算法 AdmissibleControlSet 标识可用于 New 的所有测试用例。

```
Algorithm AdmissibleControlSet
Input Old:the original version of BPEL application
      New:the modified version of BPEL application under test
      f_Old:a function that maps each activity of the Old to the set of test cases in T
Output f_New:maps each activity of New to the set of test cases in T
Begin
    partition the activities of the Old and New into equivalent execution pattern classes;
    For each activity A in the New
        f_New(A)←∅;
        For each activity A in the Old in the same class as A
            f_New(A)←f_New(A)∪f_Old(A');
        Endfor
    Endfor
    Return f_New
End
```

图 6-13 算法 AdmissibleControlSet

2. 最优控制策略

上一节的方法匹配 New 的每个重用测试用例的一些活动。本节描述了如何选择要重新运行的测试用例子集的最优控制策略。假设 A 和 A' 是 Old 和 New 的相应活动,当且仅当 A 和 A' 的行为不同时,测试用例 t 是 New 的修改测试用例。如果它被识别为潜在受影响的新组件,则选择该测试用例。

综上所述,如果关于活动 A 和 A' 的 BPEL 程序依赖图切片是同构的,则 A 和 A' 具有等同的行为。因此,可以使用 BPEL 程序依赖图切片的同构来识别 New 的未受影响的活动。被选择重新运行的重用测试用例是与受影响活动匹配的测试用例。如上所述,假设 Old 中的一个 <empty> 活动对应于 New 中的每个添加的活动,并且 New 中有一个 <empty> 活动对应于 Old 中的每个删除的活动。因此,如果 A

是与 New 中的 A' 相对应的 New 中的已删除活动,则关于 A 的 New 的 BPEL 程序依赖图切片与 A' 的 Old 不是同构的。考虑到这一方面,给出了最优控制策略(图 6-14)以选择要重新运行的测试用例。下面给出关于这个最优控制器的详细解释。

最优控制策略的输入是 Old 和 New 的 BPEL 工作流应用程序。第一步是确定新的受影响活动(超集)。从 New 的最后活动到第一个活动选择测试用例。第一个"For"循环负责将新增的、修改的和删除的活动添加到 affected。具体地,当关于 A 的 New 的 BPEL 程序依赖图切片与对于 A' 的 Old 的 BPEL 程序依赖图切片同形时,标记 BPEL 程序依赖图切片中的所有活动。在这个循环的初始,如果 A 被标记,那么直接中断。第二步是识别已知的用于测试受影响的 New 中活动的重用测试用例。其中,除了要考虑修改和添加的活动,还要考虑删除的活动(New 的 <empty>活动)。

```
Optimal control strategy
Input Old:the original version of BPEL application under test
      New:the modified version of BPEL application under test
      f_New:the set of available test cases for testing New
Output Rerun:the set of test cases are decided to be rerun
Begin
        affected←∅;
    From the New's last activity to the first activity
    For each activity A of New
        If A is marked
            contine;
        Endif
        let A' be the activity of Old that corresponds to A in New;
        If the BPEL program dependence graph slice with respect to A is isomorphic
            to the BPEL program dependence graph slice with respect to A'
                mark all the activities in the BPEL program dependence graph slice
                with respect to A;
        Else affected←affected∪A;
        Endif
    Endfor
    Return←∅;
    For each activity A in New
        If A is in affected
            add the test cases in f_New(A) to Rerun;
        Endif
    Endfor
    Return Rerun ;
End
```

图 6-14　最优控制策略算法

因此,所有的测试用例都源于原始测试集。以图 6-2 中的 BPEL 工作流应用图 6-2(a)V_1 和图 6-2(e)V_5 为例来说明本书方法。随着 V_1 使用的增加,开发人员逐渐发现这个应用程序的一些缺陷。因此,开发人员将 V_1 修改为 V_5。在将 V_1

和 V_5 转换为通用形式之后,建立这两个 BPEL 工作流应用的 BPEL 程序依赖图(图 6-15)。

从图 6-15 可以看出,虽然版本 V_1 变成版本 V_5 过程中有许多修改,但所有活动在两个 BPEL 程序依赖图中的行为都是等价的。因此,版本 V_5 不需要重新测试。

为达到回归测试用例选择的目的,想要识别所有发现 New 的错误测试案例 $t \in \mathbf{T}$。可以选择每个发现错误测试用例的算法是安全的。一般来说,没有一种方法可以准确地识别 $\mathbf{T}$ 中的所有发现错误的测试用例。然而,在受控回归测试下,行为修改测试用例可以认为是所有发现错误的测试用例的超集。因此,对于受控回归测试,选择所有行为修改测试用例的回归测试选择算法是安全的。在 P-Correct-for-T 假设和 Obsolete-Test-Identification 假设下,可以证明我们的最优控制策略是安全的(如定理 6-1 所示)。

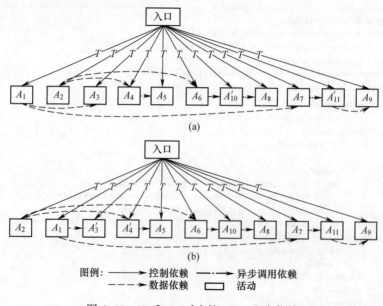

图 6-15 V_1 和 V_5 对应的 BPEL 程序依赖

定理 6-1 我们的最优控制策略对于受控回归测试是安全的。

证明:假设 A 和 A' 是 New 和 Old 的对应的活动。当且仅当 A 的行为不同于 A' 时,最优控制策略选择要重新运行的 A' 的相应测试用例。考虑到假设 6-1,在我们的控制器中,添加的活动 A 的行为不同于 A',因为 A' 是 <empty> 活动。对于修改的活动 A,其行为不同于 A',因为它的 BPEL 程序依赖图切片不是同构的。对于删除的活动 A,其行为也不同于 A',因为 A 是 <empty> 活动。这 3 种情况下,我们的控制器将选择相应的测试用例(修改和删除的活动)或生成新的测试用例(添加的活动)。因此,最优控制策略收集所有测试用例以测试受影响的组件(图 6-12)。换句话说,最优控制策略选择所有行为修改的活动对应的测试用例。由于行为修改的活动对应的测试用例形成了发现错误的测试用例的超集,我们提出的最优控制策略对于受控回归测试是安全的。

6.5 实验验证

本节展示了几组实验。此外,将本书方法与两个典型的方法(基于并行控制流的方法和基于可扩展 BPEL 流程图的方法)在所选择的测试用例的百分比方面进行了比较。最后分析算法的时间复杂度。

6.5.1 实验设置

使用 8 个 BPEL 工作流应用来评估本书方法的有效性。这 8 个应用程序来自一些流行的 BPEL 引擎(如 ActiveBPEL、IBM BPWS4J 等)和 BPEL 规范(表 6-1)。这些应用程序也用于其他 BPEL 测试用例生成或回归测试优先级。A~H 用于表示相应的 BPEL 工作流应用程序。"应用程序""源""元素""LOC"列分别表示 BPEL 工作流应用的名称,BPEL 工作流应用的源,XML 元素的数量和每个应用程序的代码行数。在实验中,所有 BPEL 工作流应用及其合作伙伴 Web 服务在 ActiveBPEL(版本 4.1)引擎中运行。它们构成了实验的基础。

为了实验的进行,需要这些 BPEL 工作流应用的一些修改版本。然而,开发者很少发布修改版本。因此,为了继续的实验,邀请一些研究合作伙伴(非本书作者)对 8 个原始申请进行一些修改。为了保证修改的独立性,每个版本只涉及一个修改。这些修改包括添加活动、删除活动、修改活动或者其他一些等效修改。当然,在这些修改版本中,它们也在 8 个原始应用程序中引入一些错误。根据突变测试植入错误的思想,将错误分为 BPEL、WSDL 和 XPath 3 类。植入 BPEL 中的错误主要是一些逻辑错误或与执行结果相关的一些拼写错误。植入 WSDL 中的错误主要是不正确的类型、消息、端口类型和绑定。XPath 错误是 XPath 表达式的错误使用,例如提取错误的内容或无法提取任何内容。表 6-1 中共创建了 31 个版本。严格遵循 Mei 等提出的方法,生成测试用例来构造测试集。以 BPEL 工作流应用 GymLocker(表 6-1 中的 B)为例。本申请的程序段如图 6-16 所示。

可以获得一个测试用例,如 lockLockerInfo,unlockLockerInfo,用来有效地测试这个应用程序。对于每个基本 BPEL 工作流应用,生成了 100 个测试用例。在每个应用程序的测试集中运行所有测试用例,并保存输出和测试路径。然后,将测试用例添加到测试集,以确保每个基本 BPEL 工作流应用中的每个活动至少执行 5

个测试用例。最后为每个基本 BPEL 工作流应用获取了 30 个测试用例。

表 6-1 实验程序的相关信息

编号	应用程序	源	元素	LOC	版本
A	ATM	ActiveBPEL	94	180	5
B	GYMLocker	BPWS4J	23	52	2
C	LoanApproval	ActiveBPEL	41	102	5
D	MarketPlace	BPWS4J	31	68	4
E	Auction	BPEL Specification	50	138	4
F	RiskAssessment	BPEL Specification	44	*118	5
G	Loan	Oracle BPEL Process Manager	55	147	3
H	Travel	Oracle BPEL Process Manager	39	90	3

```
<bpws:variables>
    <bpws:variable messageType="tns:lockerInfoMessage"
 name="lockLockerInfo"/>
    <bpws:variable messageType="tns:unlockerInfoMessage"
 name="unlockLockerInfo"/>
    <bpws:variable messageType="tns:statusMessage" name="status"/>
</bpws:variables>
......
<bpws:sequence>
  <bpws:receive createInstance="yes" name="unlockerReceive"
operation="unlock" partnerLink="user" portType="tns:gymLockerPT"
variable="unlockLockerInfo">
    </bpws:receive>
    <bpws:assign>
      <bpws:copy>
        <bpws:from expression="'ok'"/>
        <bpws:to part="information" variable="status"/>
      </bpws:copy>
    </bpws:assign>
    <bpws:receive name="lockerReceive" operation="lock"
partnerLink="user" portType="tns:gymLockerPT"
variable="lockLockerInfo">
    </bpws:receive>
    </bpws:reply name="lockReply" operation="lock"
partnerLink="user" portType="tns:gymLockerPT" variable="status"/>
    </bpws:reply name="unlockerReply" operation="unlock"
partnerLink="user" portType="tns:gymLockerPT"
variable="unlockLockerInfo"/>
</bpws:sequence>
```

图 6-16 BPEL 程序 GymLocker 的片段

为说明本书方法的优点,应用本书提出的方法(基于 BPEL 程序依赖图(BPDG)的方法)、基于并发控制流图(CCFG)的方法和基于可扩展 BPEL 流程图(XBFG)的方法到 8 个 BPEL 工作流应用的修改版本。为了公平起见,在实验中XBFG 仅用于选择关于过程变化的测试用例。对每个基础 BPEL 工作流应用和修改的应用程序重复实验了 5 次,并对这些运行的结果进行了平均。

6.5.2 实验结果与分析

本节描述实验结果和比较分析。

图 6-17 显示了 BPEL 工作流应用的修改版本的测试选择的结果。综上所述,A~H 表示表 6-1 中相应的 BPEL 工作流应用。BPDG、CCFG 和 XBFG 分别表示本书方法、基于并发控制流图的方法和基于可扩展 BPEL 流程图的方法。图 6-17 显示,对于 8 个基本 BPEL 工作流应用,由 BPDG、CCFG 和 XBFG 选择的测试用例的平均百分比超过该组修改版本。另外,图 6-17 还显示出,对于该实验,在一些情况下这 3 种方法减小了所选测试用例的大小。然而,总体节省并不显著。

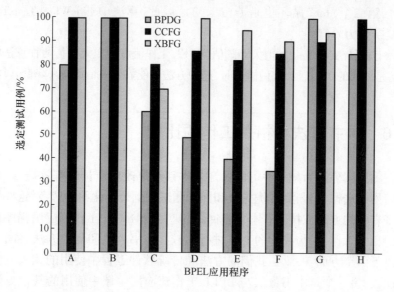

图 6-17 BPEL 工作流应用的回归测试用例选择数据统计

事实上,在某些情况下 3 种方法都选择了全部的测试用例来测试基本 BPEL 工作流应用的修改版本。此外我们还观察到,BPDG 比 CCFG 和 XBFG 平均可以选择更少的测试用例。然而,在仅有的 3 种情况(BPEL 工作流应用 D、E 和 F)中,BPDG 将测试用例平均减少了 50%以上。由 BPDG 为修改版本选择的平均测试用例占重新测试所有测试用例的 68.6%。换句话说,BPDG 平均节省了测试用例的数目为31.4%。在各种基本BPEL工作流应用中,由BPDG选择的测试用例平均为这些BPEL工作流应用的总测试用例的大小的34.6%(在F上)到100%(在B和G上)。

在实验中还记录了3种方法相对于那些改进的BPEL工作流应用的错误发现百分比。3种方法的错误发现百分比几乎相等,这里不再一一列出了。

6.5.3 时间复杂度分析

在算法AdmissibleControlSet中,第一行基于常见的执行模式将Old和New的活动划分为类。假设N_{Old}和N_{New}分别表示BPEL工作流应用Old和New中包含的活动,第一行的时间成本为$O(N_{Old}+N_{New})$。此算法包含双嵌套循环,在最坏的情况下,双嵌套循环的时间复杂度为$O(N_{Old}*N_{New})$。因此,算法AdmissibleControlSet的时间复杂度为$O((N_{Old}+N_{New})+N_{Old}*N_{New})$。算法DecideWhichTestsToRerun从原始测试集中选择要重新运行的测试用例。给定新的BPEL工作流应用,让New中的活动数为N_{New}。该算法包含两个"for"循环。第一个"for"循环的时间复杂度是$O(N_{New})$,第二个"for"循环也是$O(N_{New})$。因此,算法DecideWhichTestsToRerun的时间复杂度为$O(N_{New})$。

实际上,当分支和link的值大于阈值(BPEL工作流应用太大)时,两种算法的时间复杂度将是巨大的。当遇到这种情况时,这种方法可能需要一个策略来降低其复杂性。

6.6 本书方法与相关工作的比较

回归测试被公认为是一种可以保证软件系统更改后质量的有效技术,它主要包括回归测试选择、回归测试优先级和回归测试用例最小化等,已针对这些问题开展了许多有趣的方法或技术。本节将回顾一些关于BPEL工作流应用程序回归测试选择的相关工作,并与我们的工作进行比较。本书方法和其他方法之间的比较主要在以下两个方面:一个是我们的方法和传统软件工程中使用的相关方法之间的垂直比较,另一个是本书方法与BPEL工作流应用领域中使用的其他方法之间的横向比较。

在传统软件工程中应用的文章中提出的算法与我们的类似,然而,这两种方法之间存在两个主要差异:

首先,本书方法不仅可以选择现在可以执行新的和修改的活动的测试用例,还可以选择以前可以执行从修改的BPEL工作流应用中删除活动的测试用例。根据活动覆盖测试的准则,活动删除不是必要的因素。然而,这是回归测试。虽然此修改(活动删除)不会提高覆盖率,但选择相应的测试用例足以确保对每个受影响的组件进行测试。然而,更大的测试集可以帮助人们发现违反受控回归测试假设引起的错误。此外,假设活动删除等效于相应版本中的<empty>活动。因此,如果 A_1 是在 Old 中与 A_2 相对应的被删除的活动,则两个活动的行为是不同的。根据我们的启发式规则,应该选择以前可以执行从修改的程序中删除活动的测试用例。基于这个假设,已证明我们的算法 DecideWhichTestsToRerun 在受控回归测试下是安全的。删除的活动可能导致修改后的 BPEL 工作流应用给出与原始 BPEL 工作流应用不同的输出,从而发现错误,从而得出其方法是不安全的结论。

其次,如算法 DecideWhichTestsToRerun 中所描述的,我们的技术从 New 的最后一个活动开始。当关于 A_1 的 New 的 BPEL 程序依赖图切片与 A_2 中的关于 Old 的 BPEL 程序依赖图切片是同构的时,标记关于 A_1 的 BPEL 程序依赖图切片的所有活动。然后,在这个循环的开始,如果 A_1 被标记,那么直接跳出这个循环,这可以大大降低时间复杂度。

大多数关于 BPEL 工作流应用中回归测试选择问题的方法是 Rothermel 和 Harrold 在常规软件工程中提出的方法的变体。这些方法是基于新版本与旧版本中的控制流分析得到的。它们都是基于修改版本和原始版本的控制流程图,使用图形比较算法来识别改变的节点或边的思想。选择覆盖改变的节点或边缘的测试案例作为受影响的案例,并重新运行。对于 BPEL 工作流应用的不同测试目标和测试观点这些方法通常是不同的。从服务集成商的角度关注过程变化、绑定变化和接口变化所造成的影响,基于可扩展 BPEL 流程图的回归测试选择方法,从 BPEL 流程和合作伙伴服务生成的 XBFG 路径分为两部分,一个可以通过选择在基准版本中使用的测试用例重新测试,另一个可以通过执行 XBFG 路径比较后生成新的测试用例。消息序列比较和路径条件分析,涵盖了服务组合的功能回归测试的主要方面。从服务集成商的角度来看,一些研究者使用特殊的表达式代数表达式来表示测试路径,并比较它们以选择受影响的测试用例。对于这种方法,并发控制结构变化对测试路径的影响分为两种类型。分析这两种类型后,对并发控制流应用本书方法进行分析。这种方法不仅可以应用于通过测试路径选择测试用例,还可以用于在不生成测试路径时选择测试用例。为解决在 BPEL 工作流应用中引起的并发问题,一些研究者提出了自动扩展 Rothermel 和 Harrold 的基线方法。这种方法也有助于通过使用调用图解决多个修改的服务问题。可以通过使用调用图来确定修改的服务的执行顺序。另一些研究者也考虑了这个情况,同一服务对不同的服务并行地进行多个调用。所有这些方法区分受影响的组件和句法。通过使用语义(行为)而不是受影响组件的语法定义,本书方法可避免一些不必要的测试用例重新运行。例如,假设 A_1 与 A_2 是 Old 和 New 中的两个活动,并且它们没有控制,数据和异步调用依赖关系。如果逆转修改版本中两个活动的执行顺序,则其修改不会改变它们的行为。因此,它们相应的测试用例不需要重新运行。然而,在这些方法并没有选择它们相应的测试用例来重新运行。因此,我们的技术更为精确。

由于测试用例生成是回归测试选择的基础,我们在此也回顾 BPEL 工作流应用程序中的一些代表性的方法。Mei 等解决了 BPEL 工作流应用程序中 XPath 可能导致的集成问题,如从 XML 消息中提取错误的数据。此外,Mei 等还提出了一组测试覆盖准则,从数据流的角度测试 BPEL 工作流应用。他们主要关注 XPath,用于操作 XML 文档。他们开发了被称为 XPath 重写图(XRG)的图形模型,以关注如何以逐步方式将 XPath 从一种形式重写到另一种形式。通过使用这个模型,他们还研究了 BPEL 工作流应用的回归测试的测试用例优先级。Ni 等基于消息序列图(MSG)生成消息序列,消息序列图包含消息序列和消息参数的信息。这种方法主要考虑关联机制,并基于随机测试生成消息序列。然而,这个工作可能仍会实例化一些无效实例。

此外,从软件控制论的角度来看,软件测试可能被许多工作者视为一个控制问题。他们关注控制和软件之间的相互作用,利用控制理论解决软件工程(包括软件测试)的问题,还将软件测试问题作为控制问题,并用控制马尔可夫链(CMC)方法(自适应测试)提出了一些解决方案。此外,他们还提出了软件可靠性评估适应性测试策略的实验研究。实验结果表明,他们提出的自适应测试策略效果不错。

6.7 本章小结

面向服务组合的工作流已逐渐成为在开放环境中开发即时应用的主流技术。回归测试选择是确保改进的 BPEL 工作流应用质量的有效技术,其在本书中被视为最优控制问题。基于此,考虑到 BPEL 工作流应用的独特特性,本书提出了一种基于 BPEL 程序依赖图的行为差异指导的最优控制器。与以前的方法相比,本书方法可以减少一些不必要的测试用例。我们通过实验证明了本书方法的有效性和可行性。

第7章
基于修改影响分析的服务组合测试用例排序

回归测试的频繁执行对成功的应用程序开发至关重要。BPEL 工作流应用重新运行回归测试用例可能是一个长时间运行和耗时的(几天甚至几周)过程,特别是在基于云的移动系统中。此外,使用服务(对于具有访问配额或每次使用基础的服务)或使用服务的中断的成本也需要为尽快发现错误而尽早地执行测试集。因此,必须诉诸测试用例优先级技术来提高回归测试的成本效益。测试用例优先级排序提供了一种通过调整测试用例的执行顺序以满足特定目标的方法。测试用例优先级排序的主要目的是尽早提高错误检测率,以便减少维护 BPEL 工作流应用的时间和成本。然而,即使如此,很多时候直到测试完成也很难知道错误点。因此,大多数测试用例优先级排序技术依赖代理,并期望早期满足这些代理覆盖可以增加错误发现能力。测试用例优先级的常用代理是某些程序实体(语句或分支)的覆盖。然而,实体覆盖不足以保证在某些情况下的较高错误发现率,必须找到一个更精确的方法来测试 BPEL 工作流应用。

软件的错误通常是软件内部结构的缺陷传播引起的,软件内部结构的设计对软件质量有重要的影响。因此,对 BPEL 工作流应用的测试用例优先级的研究不仅考虑覆盖信息,而且考虑错误传播。令人惊讶的是,BPEL 工作流应用的错误传播在现有的回归测试优先级研究中没有得到充分考虑。因此,本书考虑修改在 BPEL 工作流应用中的错误传播行为,我们提出了一种新的方法来为回归测试排序测试用例。

BPEL 工作流应用的内部结构可以看作活动与实现预期目标的相互作用。活动的交互包括执行过程逻辑、交换消息、调用外部 Web 服务等。可以通过在面向服务的工作流应用中的活动之间进行依赖性分析来分析这些交互。一个活动中的修改或错误必然会传播到直接或间接依赖其他活动中。本书利用活动的修改影响来度量活动在 BPEL 工作流应用中的测试重要性。此外,结合修改信息(可以通过比较原始版本及其变体之间的差异来计算),可以通过其覆盖信息推导出测试用例的测试重要性。同时,根据测试用例的测试重要性,以特定的顺序排序测试用例。为此,首先分析各种活动之间的 BPEL 依赖性。除了控制依赖,数据依赖和异步调用依赖,我们提出了另外两个程序依赖,即相关依赖和同步依赖。考虑到这些依赖关系,提出了 BPEL 活动依赖图,以便定量计算每个活动的修改影响。本书用 8 个 BPEL 工作流来验证了本书方法和常规基于覆盖的技术方法。实验结果表明,本书提出的测试用例排序可以在较少的时间内达到更高的错误发现率。

7.1 预备知识与启发式案例

7.1.1 预备知识

测试用例优先级排序是最重要的一种回归测试技术之一。通过收集测试数据在原来版本中的运行信息,重新调整测试用例的执行顺序来测试新的 BPEL 工作流应用,以在回归测试中实现某个测试目标。好的测试用例优先级排序技术不仅会提高测试集的错误检测率,而且会提前执行具有较高错误检测率的测试用例。

定义 7-1(回归测试优先级排序问题) 给定一个测试集 T,一个包含 PT 的所有排列的集合 O 和一个从 O 到实数的函数 f,找到一个 $o \in O$,使得($\forall o' \in O$),$f(o) \geq f(o')$。

在本书中,目的是找到旨在增加错误检测率的测试集 T 的阶数。为验证给定测试集的错误检测率,f 始终是检测到的错误的平均百分比(APFD)函数,平均相对位置(PR)和错误检测速率的谐波平均值(HMFD)。这些度量值中的每个范围从 $0 \sim 1$,并且较高的 APFD 值指示较高的错误检测率。同样,较低的 PR 或 HMFD 值指示较高的错误检测率。在本书中,函数 f 将每个置换 PT 映射到 o 的 APFD、PR 或 HMFD 值。令 T 是一个包含 n 个测试用例的测试集,F 是由 T 显示的一组 m 个错误,TF_i 是显示错误 i 的排序 o 中的第一个测试用例索引。用于排序 o 的 APFD 值表达如下:

$$\text{APFD} = 1 - \frac{TF_1 + TF_2 + \cdots + TF_m}{nm} + \frac{1}{2n} \quad (7-1)$$

o 的 HMFD 值计算如下:

$$\text{HMFD} = \frac{m}{\dfrac{1}{TF_1} + \dfrac{1}{TF_2} + \cdots + \dfrac{1}{TF_m}} \quad (7-2)$$

令 $P(TF_i, i)$ 是由错误 i 导致的第一个失败的测试用例处理位置 TF_i 的概率。错误 i 的 PR 值计算如下:

$$\mathrm{PR}(i) = \frac{\sum_{TF_i=1}^{n} TF_i \cdot P(TF_i, i)}{n} \qquad (7\text{-}3)$$

其他度量也可以用于度量这些技术。由于空间的限制,在本节中不做过多的阐述。

7.1.2 启发式案例

在本节中使用 BPEL 工作流应用程序:××部队采购工作流应用作为一个运行的案例,启发本章的方法。首先,简要概述这个应用程序。

为了直观表达,使用构建 BPEL 代码(以 XML 格式)的 UML 活动图来描绘这些 BPEL 工作流应用。图 7-1 中描述了这个 BPEL 工作流应用程序。在每个活动图中,节点表示 BPEL 活动,边表示两个活动之间的转换。

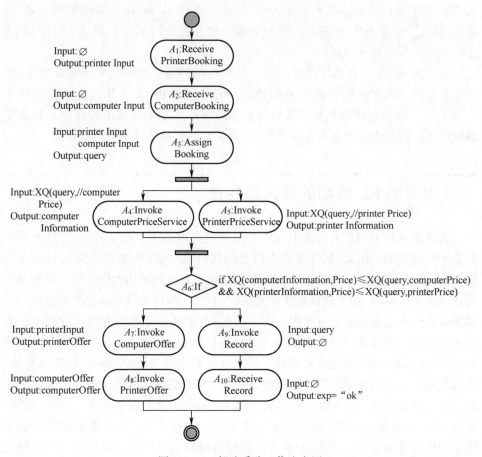

图 7-1 ××部队采购工作流应用

此外，还使用提取的应用程序信息注释节点，如活动的输入和输出参数或此 BPEL 工作流应用程序中的活动使用的任何 XPath Query。此外，将节点编号为 $A_1, A_2, \cdots, A_{10}$ 以便后续讨论。以下是申请军队采购工作流程的详细说明。在通过活动 A_1 和 A_2 从客户端接收订购打印机和电脑信息时，军队采购工作流应用同时调用 PrinterPriceService 和 ComputerPriceService 查询打印机和电脑的价格（活动 A_4 与 A_5）。如果电脑和航空的价格等于或小于客户的输入价格（由活动 A_6 验证），则该应用将执行活动 A_7 和 A_8 以预订电脑和打印机；否则，此工作流应用程序将调用服务 RecordService 来记录关于客户端的失败预订信息。注意，此版本的 BPEL 工作流应用程序从初始版本修改得到的。在此版本中，假设与上一版本相比，两个活动（A_7 和 A_9）已被修订。应用基于语句覆盖或基于分支覆盖的方法进行优先级排序。可以发现，与本申请中的活动 A_7 和 A_9 相对应的测试用例被随机排列，因为两个活动提供了相同的覆盖信息。然而，A_{10} 的执行受活动 A_9 的影响，并且 A_8 的执行不受活动 A_7 的影响。因此，A_9 的错误传播能力强于 A_7，应该先重新运行与活动 A_9 相对应的测试用例。在本书方法中，还发现活动 A_7 和 A_9 的修改影响不同，活动 A_9 较大。在本书中，将提出一种更为精确的方法，用于在回归测试中排序 BPEL 工作流应用程序的测试用例。

本章为 BPEL 工作流应用提出了一种更精确的测试用例优先级排序方法，该方法基于对活动之间的依赖关系的分析。给定用于 BPEL 工作流应用的测试集 **T**，我们的目标是根据每个测试用例所覆盖的修改活动的测试重要性的总和来重新排序 **T**。在具体描述本书方法之前，首先定义活动和测试用例的重要性。

7.2 BPEL 活动的测试重要性

为满足用户不断扩大的需求，BPEL 工作流应用必须不断发展，一些修改或改变是不可避免的。因此，软件维护人员必须执行软件维护（如回归测试），以减少修改引入的潜在或者新的错误。大多数现有技术解决测试用例优先级问题是基于覆盖信息的。然而，随着软件系统的复杂性的增加，软件的活动依赖性正在成为影响最终软件产品质量的最重要因素之一。然而，这些技术都没有考虑此因素。软件内部结构的修改影响分析很重要，因为它也可以帮助确定修改的影响后果。执行程序跟踪和模块依赖性技术来确定哪些模块必须随目标模块一起修改而修改。本书利用模块依赖技术来定量评估修改后的活动在修改版本的 BPEL 工作流应用程序中的修改影响。在 BPEL 工作流应用中，当活动（无论是否会引入错误/缺陷）被修改时，它将影响依赖它的子活动。本书选择对应于具有最大影响的活动的测试案例优先重新运行。因此，分析了活动的修改影响与每两个活动之间的依赖关系。本书方法是基于以下两个假设。非形式化地：

假设 7-1 BPEL 程序依赖图中的活动的修改或错误必然会直接或间接地传播到依赖此活动的其他活动中。

如图 7-1 中××部队采购工作流应用的申请同时调用 PrinterPriceService 和 ComputerPriceService 查询电脑和打印机的价格（活动 A_4 和 A_5）。事实上，活动 A_4 和 A_5 是依赖活动 A_3 的真数据依赖，因为 A_4 和 A_5 使用由 A_3 定义的变量。由假设 7-1 可知，当活动 A_3 被修改或播种错误时，活动 A_4 和 A_5 在本书中也被认为是受传播活动。

假设 7-2 所有活动受到修改或错误活动的影响的概率都为 100%。

这个假设确保了在一个活动中受到错误影响后出现的错误的概率是相同的，并且概率是 100%。由假设 7-2 可知，当活动 A_3 被修改或植入错误时，活动 A_4 和 A_5 受到影响的概率相同且都为 100%。

基于这两个假设，应首先分析 BPEL 工作流应用程序中的各种活动之间的程序依赖性。除了控制依赖、数据依赖和异步调用依赖，还发现了 BPEL 工作流应用程序中的另外两个程序依赖，即相关依赖和同步依赖。在我们定义的 BPEL 活动依赖图中关注所有这 5 种依赖。基于这些中间表示，可以方便地识别任何两个活动之间的直接和传递依赖。为使本书件自包含，将首先介绍控制依赖、数据依赖和异步调用依赖的概念。

非正式地，活动 A_j 是控制依赖活动 A_i 当且仅当 A_i 表示条件分支或入口活动（假定每个 BPEL 工作流应用具有入口活动）的谓词，其直接控制是否执行 A_j。以图 7-1 中的 BPEL 工作流应用程序为例，图 7-1 的 BPEL 工作流应用中 $A_1 \sim A_6$ 的所有活动均控制依赖于进入活动。数据依赖可以分为 3 类，即真正依赖（def-use 依赖）、反依赖（use-def 依赖）和输出依赖（use-use 依赖）。当且仅当在 A_i 处定义的变量在 A_j 处使用时，活动 A_j 是依赖于活动 A_i 的 def-use 依赖。当且仅当在 A_i 处使用的变量在 A_j 处定义时，活动 A_j 是 use-def 依赖活动 A_i。当且仅当在 A_i 处使用的变量也在 A_j 处使用时，活动 A_j 是依赖活动 A_i 的 use-use 依赖。在图 7-1 中的 BPEL 工作流应用中，活动 A_3 是真数据依赖活动 A_2，因为 A_3 使用由 A_2 定义的变量 computerInput。反依赖和输出依赖没有出现在此工作流应用程序中。事实上，可以通过变量重命名来避免反依赖和输出依赖。因此，本书定义的数据相关性仅指真正的依赖。异步调用依赖是异步通信机制引起的。当且仅当 A_j 是负责接收单向调用活动 A_i 的响应的 <receive> 活动时，活动 A_j 是异步调用依赖于活动 A_i。采用图 7-1 中的 BPEL 工作流应用程序为例，活动 A_{10} 异步调用依赖活动 A_9，因为活动 A_{10} 负责接收活动 A_9 的响应。本书主要关注这 3 种依赖关系。

除了控制依赖、数据依赖和异步调用依赖，还发现了另外两个 BPEL 程序依赖：一是 BPEL 工作流应用程序中的接收活动之间的关联机制引起的；根据 WS-

BPEL 2.0,接收活动包括<receive>、request-response <invoke>和<onMessage>。BPEL工作流应用程序中的接收活动的有两个属性(属性createInstance和属性相关性)在消息路由中扮演中心角色。BPEL工作流应用程序的启动活动是一个接收活动,其createInstance属性的值为"yes"。考虑一个场景:<receive>活动是BPEL工作流应用程序的开始活动,然后创建应用程序的实例,并且由对应于该实例的接收活动接收的所有其他消息被路由到该新创建的实例。可以发现,在此BPEL工作流应用程序中,<receive>活动与其他接收活动之间没有控制,这些活动与<receive>活动具有相同的相关性。然而,这两个活动确实有某种依赖,因为如果两个活动的执行顺序相反,它可能导致死锁。这种依赖被非正式定义如下。

定义7-2(相关依赖) 当且仅当A_i和A_j都是BPEL工作流应用程序中的接收活动共享公共属性,并且A_i是createInstance属性的值为"yes"的开始活动时,活动A_j相关依赖活动A_i。

如图7-1所示,活动A_1、A_2、A_4、A_5、$A_7 \sim A_{10}$是该BPEL工作流应用中的接收活动。活动A_1是一个开始活动,并且createInstance的属性设置为"yes"。此外,活动A_1、A_2、A_4、A_5、$A_7 \sim A_{10}$操作中的每个消息通过相关集ID(身份证号码)相关联,以确保这些接收活动与同一客户端交互。因此,活动A_2、A_4、A_5、$A_7 \sim A_{10}$是相关依赖活动A_1的。

二是,活动<flow>是描述并发和同步机制的结构化活动。包括在<flow>活动中的一组活动可以任何顺序执行(除了由<sequence>定义的发生先前关系)。当且仅当其中包括的所有活动已完成时,<flow>活动才完成。BPEL语言通过<link>表达活动之间的同步依赖性。由<link>连接的两个活动确实有某种依赖性,因为两个活动的执行顺序不能逆转;否则,它会导致死锁。非正式地,这种依赖性的定义如下:

定义7-3(同步依赖性) 当且仅当A_i和A_j都包括在<flow>活动中并且活动A_j是以活动A_i作为源的<link>的目标时,活动A_j是同步依赖于活动A_i的。

以图7-1中的BPEL工作流应用为例,活动A_4和A_5包括在<flow>活动中,这两个活动可以任何顺序执行,并且彼此不依赖。因此,在图7-1中没有同步依赖。

本书中,在BPEL活动依赖图中主要抓取这5种依赖关系,其中节点表示除了入口节点之外的基本或结构化活动,边缘表示两个节点之间的依赖关系。为了准确描述BPEL工作流应用程序,每个控制依赖边缘标记为True(T)或False(F)。另外,数据相关边应该附加到相关变量,但是为方便表示在这里被省略了。形式化地,给出以下BPEL活动依赖图的定义。

定义7-4(BPEL活动依赖图) BPEL活动依赖图是有向图<**N**,**E**>,其中:
(1)**N**是一组节点。在**N**中有一个入口节点,而其他节点表示基本或结构化活动。

(2) $E \subseteq N \times N$ 是有向边的集合,并且从 X 到 Y 指向的边 $<X,Y> \in E$ 表示任意两个活动之间的控制依赖、数据依赖、异步调用依赖、相关依赖或同步依赖。

图 7-2 表示旅行社的 BPEL 工作流应用的 BPEL 活动依赖图。在图 7-2 中,不同线型的箭头表示不同的依赖性。注意,在该 BPEL 工作流应用中没有同步依赖。

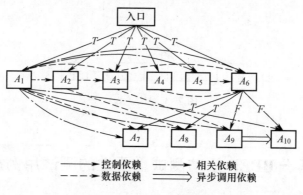

图 7-2 BPEL 活动依赖

本书利用模块依赖技术来定量评估修改版本的 BPEL 工作流应用程序中活动的修改影响。

一个活动中的修改或缺陷肯定会传播到 BPEL 活动依赖图中直接或间接依赖其他活动。基于上述假设,使用程序切片(它是通过计算关注活动的影响来简化程序的最有用的技术之一)计算修改的活动的影响。程序切片把程序中不感兴趣的部分删除(没有影响的部分)。对于 BPEL 活动依赖图 P 中的活动 A,相对于标准<P,A>的切片仅需计算在程序运行 A 处以后的 P 中的活动。换句话说,BPEL 活动的切片依赖图包括直接或间接依赖活动 A 的那些活动。在本书中只构造前向片(另一个是后向片)。正向切片包含受切片标准影响的 BPEL 活动依赖图的那些活动。活动的修改影响直接或间接依赖于活动的活动。非形式化地,给出活动的修改影响的以下定义:

定义 7-5(活动的修改影响(modification impact of activity, MIA)) 在 BPEL 工作流应用中给定活动 M,活动 M 的修改影响是 BPEL 程序依赖图 G 中活动 M 的前向片段,即

$$MIA(M) = \text{ForwardSlice}(G,M) \tag{7-4}$$

基于修改影响给出了测试活动重要性(TIA)的概念。TIA 是受 BPEL 工作流应用程序中的修改活动影响的活动的总和。非形式化地:

定义 7-6(测试活动的重要性(testing importance of activity, TIA)) 给定 BPEL 工作流应用中的活动 M,$M[\text{TIA}(M)]$ 的测试重要性是 BPEL 程序依赖图 G

中的 IMA(M)中的活动的总数,即

$$TIA(M) = \sum_M MIA(M) \tag{7-5}$$

以 BPEL 活动依赖图 7-2 为例子来说明我们的定义。如果做出活动 A_6 的前向切片,则 MIA(A_6)如图 7-3 所示。因此,TIA(A_6) = 5。

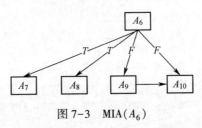

图 7-3　MIA(A_6)

7.3　基于 BPEL 活动测试重要性的测试用例排序方法

基于在 7.2 节中定义的活动的测试重要性(TIA),结合修改的信息,本节定义了测试用例的重要性,即测试重要性测试用例(testing importance of test case, TITC)。非形式化地:

定义 7-7(测试用例的测试重要性)　给定用于 BPEL 工作流应用的测试用例 $t \in \mathbf{T}$,t [TITC(t)]的测试重要性取决于测试用例 t 的重要性。令函数 gtc(t) 返回由 t 覆盖的修改活动的集合,TITC(t)是 TIC(M)$\{M \in \text{gtc}(t)\}$的总数,则

$$TITC(t) = \sum_{M \in \text{gtc}(t)} TIC(M) \tag{7-6}$$

基于上面定义的 TITC,我们提出了 BPEL 工作流应用程序的测试用例优先级的排序方法。方法的框架(图 7-4)具体如下:

(1) 给定一个修改的 BPEL 工作流应用程序 V_2,首先分析在 7.2 节中定义的所有种类的 BPEL 活动依赖关系,基于此,建立对应于该 BPEL 工作流应用程序的 BPEL 活动依赖图(BADG)。

(2) 通过分析 BPEL 工作流应用程序 V_1 与其修改版本 V_2 之间的差异,我们可以定位修改的活动并导出修改的信息(modifiedSet(V_2-V_1))。

(3) 计算步骤(1)中建立的 BADG 中 modifiedSet(V_2-V_1)中活动的测试重要性(TIC)。

(4) 根据其涵盖的修改活动计算所有测试用例的测试重要性。此外,根据其相应的 TITC 值从最大到最小优先考虑测试用例的顺序。注意,如果两个活动的 TITC 值相等,那么可以随机排列这两个活动。因此,可以得出回归测试用例的特定顺序。

回到图 7-1 中的启发式案例。与上一版本相比，修改了活动 A_7 和 A_9。因此，modifiedSet(V_2-V_1) = $\{A_7, A_9\}$。此外，TIA(A_7) = 1，TIA(A_9) = 2。在该启发式案例中，假设测试 A_7 和 A_9 的相应回归测试用例分别为 t_1 和 t_2。因此，TITC(t_1) = 1，TITC(t_2) = 2。因此，应该先重新运行测试用例 t_2。

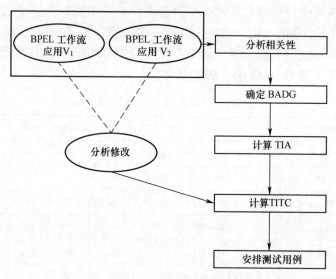

图 7-4　测试用例优先级排序方法框架

7.4　实验验证

7.4.1　实验设置

使用 8 个 BPEL 工作流应用程序来评估我们方法的有效性。这 8 个应用程序来自一些流行的 BPEL 引擎(如 ActiveBPEL、Web 服务创新框架、IBM BPWS4J 等)和 BPEL 规范。这些应用程序也用于其他 BPEL 测试用例生成或回归测试优先级排序。表 7-1 列出这 8 个 BPEL 工作流应用的描述性统计。使用 A~H 来表示相应的 BPEL 工作流应用程序。"应用程序""源""元素""LOC"列分别表示 BPEL 工作流应用的名称，BPEL 工作流应用的源，XML 元素的数量和每个应用程序的代码行数。此外，列"COR""link"描述了 BPEL 工作流应用程序中是否使用了相关集和 link。在实验中，所有 BPEL 工作流应用程序及其合作伙伴 Web 服务都在 ActiveBPEL(版本 4.1)引擎中运行。它们构成了实验的基础。

为了进行试验，需要这些 BPEL 工作流应用程序的一些修改版本。然而，开发人员很少发布这些 BPEL 工作流应用的修改版本。因此,为了继续实验,邀请一些研究合作伙伴(非作者)对 8 个原始申请进行一些修改。为了保证修改的独立性,每个版本只涉及一个修改或错误。根据突变测试的思想将错误分为 3 类,即 BPEL、WSDL 和 XPath。植入 BPEL 中的错误主要是一些逻辑错误或与执行结果相关的一些拼写错误。植入 WSDL 中的错误主要是不正确的类型,消息,端口类型和绑定(如不正确的 XML 模式定义、不正确的操作定义或输入/输出消息的滥用)。XPath 错误是 XPath 表达式的错误使用,如提取错误的内容或无法提取任何内容。如表 7-1 所列,共创建了 59 个版本。

表 7-1 实验程序的相关信息

编号	应用程序	源	元素	LOC	COR	Link	版本
A	Travel	Oracle BPEL Process Manager	39	90	No	No	9
B	ATM	ActiveBPEL	94	180	Yes	No	7
C	GYMLocker	BPWS4J	23	52	Yes	No	6
D	LoanApproval	ActiveBPEL	41	102	No	Yes	6
E	MarketPlace	BPWS4J	31	68	Yes	No	9
F	Auction	BPEL Specification	50	138	Yes	No	7
G	RiskAssessment	BPEL Specification	44	118	No	Yes	8
H	Loan	Oracle BPEL Process Manager	55	147	No	No	7

严格遵循 BPEL 工作流应用程序的测试用例生成方法,生成测试用例来构建测试集。以 BPEL 工作流应用 GymLocker(表 5-1 中的参考 D)为例。GymLoclcer 程序段如图 7-5 所示。可以获得一个测试用例(如 lockLockerInfo、unlockLockerInfo)来有效地测试这个应用程序。使用这种方法为每个 BPEL 工作流应用生成 1000 个测试用例。在这个过程中遵循了在实现测试案例优先级技术中的常见做法,如果超过 20% 的测试用例都不可以检测到其错误,则丢弃此程序版本。测试集构建过程确保测试集的错误检测有效性不受测试用例生成的顺序的影响:它从一个集合中逐个随机选择测试用例并将它们放置在测试集 **T**(其最初是空的)中,而不对相应的修改版本应用任何测试用例。当构建测试集时,确保每个测试用例可以发现错误,并且每个基本 BPEL 工作流应用中的每个活动由至少 10 个测试用例执行。最后,为每个基本 BPEL 工作流应用获得了 100 个测试用例。表 7-2 显示了它们的统计数据。它表示每个基本 BPEL 工作流应用程序的最大,平均和最小测试集数。为了说明我们的方法的优势,我们与以下技术进行了比较:

(1) 随机(Random)排序:随机调度测试用例。

```
<bpws:variables>
    <bpws:variable messageType="tns:lockerInfoMessage" name="lockLockerInfo"/>
    <bpws:variable messageType="tns:unlockerInfoMessage" name="unlockLockerInfo"/>
    <bpws:variable messageType="tns:statusMessage" name="status"/>
</bpws:variables>
……
<bpws:sequence>
    <bpws:receive createInstance="yes" name="unlockerReceive" operation="unlock" partnerLink="user" portType="tns:gymLockerPT" variable="unlockLockerInfo">
    </bpws:receive>
    <bpws:assign>
        <bpws:copy>
            <bpws:from expression="'ok'"/>
            <bpws:to part="information" variable="status"/>
        </bpws:copy>
    </bpws:assign>
    <bpws:receive name="lockerReceive" operation="lock" partnerLink="user" portType="tns:gymLockerPT" variable="lockLockerInfo">
    </bpws:receive>
    </bpws:reply name="lockerReply" operation="lock" partnerLink="user" portType="tns:gymLockerPT" variable="status"/>
    </bpws:reply name="unlockerReply" operation="unlock" partnerLink="user" portType="tns:gymLockerPT" variable="unlockLockerInfo"/>
</bpws:sequence>
```

图 7-5 GymLocker 程序段

表 7-2 测试用例集相关信息

参数	A	B	C	D	E	F	G	H	平均值
最大值	132	104	118	132	134	159	125	107	126.4
平均值	68	46	58	70	75	82	66	57	65.3
最小值	25	16	19	21	30	27	24	22	23.0

(2) 总活动(total-activity)覆盖优先级:按每个测试用例覆盖的活动总数的降序对测试用例进行排序。

(3) 附加活动(addtl-activity)覆盖优先级:对测试用例进行排序,迭代地选择产生最大累积活动覆盖的测试用例。

(4) 本书方法(基于修改影响(modification-impact)分析的方法):该技术基于对活动的修改影响分析的排序测试案例。

(5) 最优(optimal)排序:通过发现未发现的全部缺陷的来选择测试用例。然而,这种技术是不现实的,因为它需要知道哪些测试用例将发现特定的错误。在我们的实验中,它可以作为测试用例优先级的上限的参考。

对于每种方法以及对于构建的每个的测试集 T,将每种技术应用一遍。然后,针对被测的每个修改版本执行每个优先级排序 T。它使用原始版本的输出作为预期输出。最后计算相应的 APFD、PR 和 HMFD 值。共收集了 783451 个 APFD 值,476 个 RP 值和 783451 个 HMFD 值。

7.4.2 实验结果与分析

为了分析我们的方法的有效性,将上述 5 种方法(包括我们的)分别应用于 8 个 BPEL 工作流应用的修改版本,并计算每个基本 BPEL 工作流应用程序的 APFD 值(通过比较每个错误版本上每个测试集的值 TF_i)。使用生成的测试集重复每次实验 10 次,并对这些运行的结果进行平均。图 7-6 用盒须图显示了测试的结果。对于每个盒须图,水平轴表示测试用例优先次序,垂直轴表示 APFD 值。A~H 表示表 7-1 中相应的单个 BPEL 工作流应用程序。

如图 7-6 所示,Random、Total-activity、Addtl-activity、Modification-impact 和 Optimal 分别代表 7.4.1 节中提到的方法。如图 7-6 所示,对于 8 个基本 BPEL 工作流应用程序,通过这 5 个方法排序的测试案例的 APFD 均超过其修改版本的值。对于该实验,3 种方法(Total-activity、Addtl-activity、Modification-impact)的 APFD 值均比与 Random 的值要高。事实上,对于某些情况(基本 BPEL 工作流应用程序 C 和 F),通过 3 种方法(Total-activity、Addtl-activity 和 Modifi-impact)检测到的 APFD 的值几乎相同。此外,可以看到,通过 Modifi-Impact 检测的 APFD 的值在大多数情况下高于 Total-activity,Addtl-activity。因此,通过这个实验可以发现,Modifi-Impact 的方法要好于 Total-activity、Addtl-activity 的方法。

此外,还收集了每种技术(Random、Total-activity、Addtl-activity、Modification-impact 和 Optimal)的第 25 百分位数、中位数、第 75 百分位数、平均 APFD、平均 RP 和平均 HMFD 结果。图 7-7 显示了统计结果。每个方块图显示了特定技术的第 25 百分位数,中位数和第 75 百分位数。例如,Modification-impact 的平均 APFD 的第 25 百分位数,中位数和第 75 百分位数显示在图 7-7(d)中。

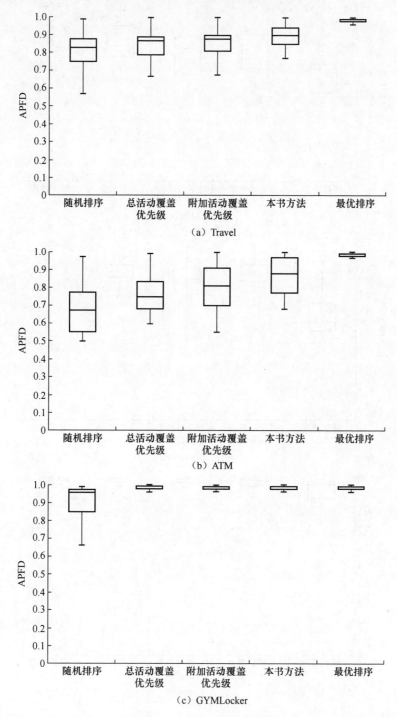

(a) Travel

(b) ATM

(c) GYMLocker

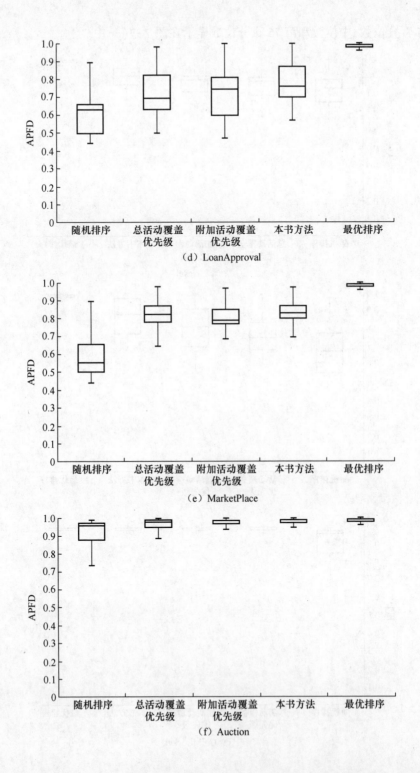

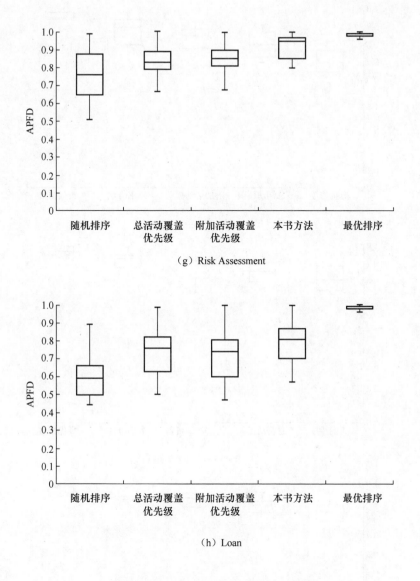

（g）Risk Assessment

（h）Loan

图 7-6　每个 BPEL 工作流应用的 APFD 测试结果

通过观察可以发现,在 3 个子图(图 7-7(a)～(c))中,对于每种技术,随着百分位数上升(从第 25 百分位数到中位数和从中位数到第 75 百分位数),该技术的性能也呈上升趋势。并且可以看出,我们的方法(Modifi-Impact)优于 Total-Activitiy 和 Addtl-Activity 的方法。该结果与图 7-6 的结果一致。

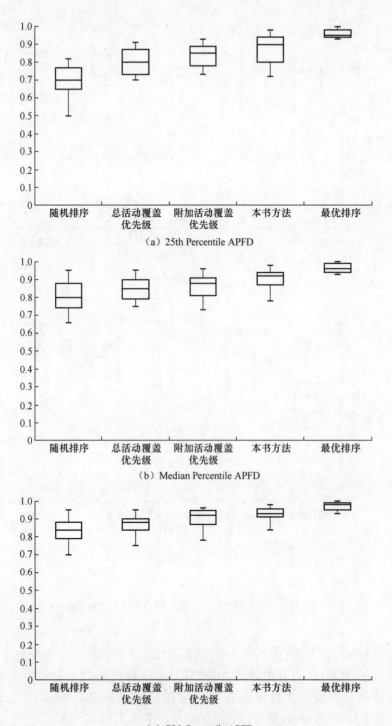

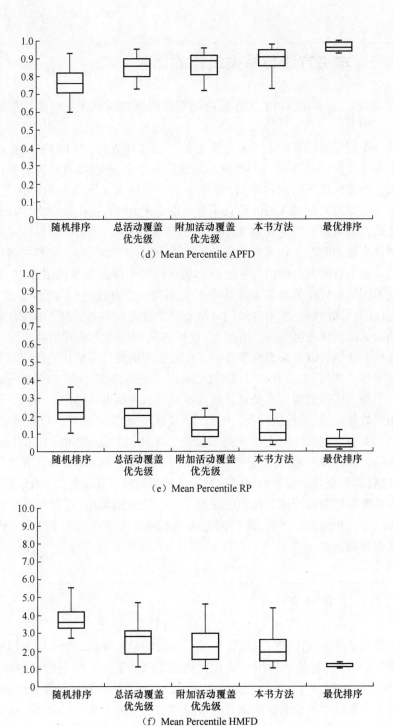

图 7-7 APFD、RP、HMFD 值的整体比较

7.5 本书方法与相关工作的比较

在本书中,将解决 BPEL 工作流应用程序的测试用例优先级排序问题的方法分为以下两类:

第一类假定测试环境上下文是静态的。以这种方式,由 BPEL 工作流应用程序调用的合作伙伴 Web 服务对于回归测试没有变化。例如,有研究者提出了一组角色来支持面向服务的回归测试,并概述了一个场景来说明如何协作这些角色。他们主要研究 WSDL 和 XPath 信息是否可以促进 BPEL 工作流应用的有效回归测试。有研究者考虑对特定外部 Web 服务的请求的配额,提出了一种技术来解决测试用例优先级的问题。在他们的测试环境中,对合作伙伴 Web 服务的请求约束了一定的总量。有研究者使用服务选择的动态特性来降低服务调用成本,他们进一步研究不同的多样性策略来重新排序测试用例。然而,这些方法不考虑 BPEL 工作流应用的内部结构。本书提出的方法不属于这类。本书提出了考虑活动的修改影响的测试用例优先级方法。事实上,这些方法和本书方法互为补充。将本书方法与这些方法结合以解决面向服务的工作流应用的测试用例优先级问题是我们的下一步工作。例如,本书方法可以结合 Total-activity 方法。首先,Total-activity 方法按每个测试用例覆盖的活动总数的降序对测试用例进行排序。当两个测试用例覆盖相同数量的活动时,执行我们的修改影响分析方法来选择适当的测试用例。

第二类假定测试环境上下文是改变的。采用这种方式,BPEL 工作流应用程序调用的合作伙伴 Web 服务对于回归测试可能不同。例如,有研究者提出了一种新的策略,基于在每个实际回归测试过程中检测到的测试服务的变化,在回归测试过程中重新排序测试用例。他们还提出了 3 个特定的策略,可以与现有的测试案例优先级方法相结合。然而,他们的方法也不考虑内部活动在 BPEL 工作流应用中的修改影响。

7.6 本章小结

回归测试的测试用例优先级排序是一种以特定顺序执行测试用例以便尽早地检测错误的方法,这是一种用于确保修改的 BPEL 工作流应用质量的有效技术。在本书中,考虑到面向服务的工作流应用中的活动的内部结构和错误传播行为,我们提出了一种新的回归测试用例优先级排序方法。与传统方法相比,我们的方法可以在较短时间内实现较高的错误检测率。我们通过实验证明了本书方法的有效性。

第8章 面向动态环境的服务组合测试支撑系统

在前面理论研究和系统设计的前提下,本章将详细介绍我们设计开发的面向动态环境的 BPEL 工作流测试支撑系统。该系统能够实现面向动态环境的建模、演化、测试用例的产生、回归测试用例的选择、测试用例的优先级排序等功能。针对动态环境的特点以及对 BPEL 工作流应用的支持,支撑系统具有同时处理 BPEL 格式文件和 XML 格式文件的功能。在支撑系统的实现过程中产生的测试数据或者 BPEL 工作流应用中间变体,该系统应当具有存储功能,以备下次使用。支撑系统的数据结构采用的是面向对象的思想,这样可以使程序代码更加简洁。同时,在界面的设计上应遵循界面友好、操作简单的思想。

下面首先简要说明面向动态环境的 BPEL 工作流测试支撑系统的总体架构,然后分别介绍该支撑系统中各个关键模块的设计与实现。

8.1 系统架构

图 8-1 描述了面向动态环境的 BPEL 工作流测试支撑系统的总体架构,主要由以下 5 个核心部分组成:BPEL 工作流 Web 服务组合执行引擎,是面向动态环境的核心部件,它能够实现 Web 服务的调用、组合、演化等功能,是整个支撑系统的基础;此外,该支撑系统还包括 BPEL 工作流建模支撑模块、BPEL 工作流测试用例产生支撑模块、BPEL 工作流测试用例选择支撑模块及 BPEL 工作流测试用例优先级排序支撑模块。此支撑系统的模块层层递进,为面向动态环境的 BPEL 工作流测试提供支撑。接下来,简要介绍这 5 个模块的功能职责及这 5 个模块之间的关系。

1. BPEL 工作流服务组合执行引擎

该模块是动态环境 BPEL 工作流测试支撑系统的核心部件,它负责服务组合的解析、部署、执行及维护。Web 服务组合每次执行都会产生一个 Web 服务组合实例,每个 Web 服务组合实例都有一个从产生到完成的生命周期。Web 服务组合

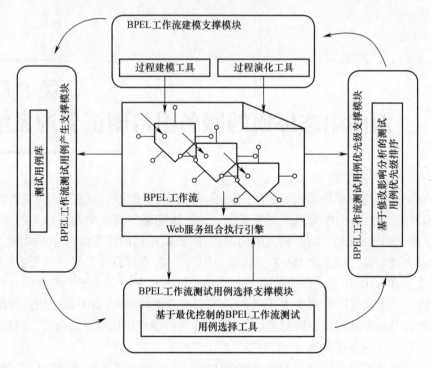

图 8-1 BPEL 工作流测试支撑系统

执行引擎负责 Web 服务组合实例的生命周期管理,它会按照 Web 服务组合的定义生成并调用相应的实例执行。我们根据相应的实例进行 BPEL 工作流的路径可行性分析、BPEL 工作流的测试用例的产生、BPEL 工作流的测试用例选择和 BPEL 工作流的测试用例优先级排序等。

2. BPEL 工作流建模支撑模块

该模块对 BPEL 组合服务的建模实际上是一个将 BPEL、WSDL 规约映射为 BCFG 图模型的过程,因此建模器首先定义 BCFG 数据模型,然后将 BPEL 和 WSDL 解析为 DOM 数据模型,按照 BCFG 的构造规则完成 DOM 数据模型向 BCFG 数据模型的转换。与此同时,建模器建立 BPEL 元素与 WSDL 元素的关联关系。该模块在构造 BCFG 模型的同时,根据交互节点包含的接口信息,在相应的 WSDL 文档中搜索,依次枚举 WSDL 文档中定义的 Service、Binding、Port、Operation、Parameter,从而确定路径、BCFG 元素与接口的关系。组合服务建模器的输入为组合服务的规约文档,输出为 BCFG 模型和路径集合。

3. BPEL 工作流测试用例产生支撑模块

该模块基于可满足模数理论(satisfiability modulo theory,SMT)求解器的方法可以分为两个步骤:首先,基于并发 BPEL 活动路径覆盖标准,从测试下的 BPEL

工作流应用派生的 BPEL 控制流图分解为测试路径(一组测试路径满足并发 BPEL 活动路径覆盖标准目标)。其次,每个并发 BPEL 活动路径用几个约束进行符号编码。符号编码不仅包括传统多线程程序(路径、程序顺序和读写约束)的约束,而且包括 BPEL 工作流应用(同步和消息约束)的独特特征的约束。在 SMT 求解器的帮助下,可以快速确定并发 BPEL 活动路径的可行性。如果并发 BPEL 活动路径不可行,本书方法直接放弃测试这个路径;否则,从 SMT 求解器获得有效的测试用例(可行的并发 BPEL 活动路径和 SOAP 消息序列)。

4. BPEL 工作流测试用例选择支撑模块

该模块采用 BPEL 程序依赖图和程序切片方法来识别需要重新测试的修改后的 BPEL 工作流应用的所有受影响的组件。通过使用语义(行为)而不是"受影响的组件"的语法定义,该模块可以识别 BPEL 工作流应用中任何位置的修改直接或间接地影响的 BPEL 组件。该模块选择测试用例分为三个步骤:首先,为便于比较程序依赖图,给出了将 BPEL 工作流应用转换为通用 BPEL 形式的三个规则。这三个规则分别对应于死路径消除,异步通信机制和多重赋值的独特特征。其次,建立了对应于两种通用 BPEL 形式(BPEL 工作流应用及其修改版本)的程序依赖图。为此,应分析各种活动之间的 BPEL 程序依赖性。该模块主要关注控制依赖、数据依赖和异步调用依赖。最后,采用程序切片方法来识别修改的 BPEL 工作流应用的所有受影响的组件,并选择要重新运行的相应测试用例。该模块不仅能够选择执行新的或修改的活动的测试用例,而且能够选择以前执行活动的测试用例。

5. BPEL 工作流测试用例优先级排序支撑模块

该模块利用活动的修改影响来度量活动在 BPEL 工作流应用中的测试重要性。此外,结合修改信息(可以通过比较原始版本及其变体之间的差异来计算),通过其覆盖信息推导出测试用例的测试重要性。同时,根据测试用例的测试重要性,该模块以特定的顺序排序测试用例。为此,首先分析了各种活动之间的 BPEL 依赖性,主要包括控制依赖、数据依赖、异步调用依赖、相关依赖和同步依赖。在此基础上该模块建立了 BPEL 活动依赖图,以便定量计算每个活动的修改影响。最后根据每个活动的修改影响对每个活动对应的测试用例进行了排序。

8.2 开发平台及开发工具

系统开发环境:编程语言 Java, LabVIEW;
开发平台 Eclipse 3.6, LabVIEW 2012;
数据库存储 XML 文件。
系统运行环境:操作系统 Windows XP;数据库服务器 SQL Server 2005。

1. Eclipse

Eclipse 是一个开放源代码的、基于 Java 的可扩展开发平台。就其本身而言，它只是一个框架和一组服务，用于通过插件组件构建开发环境。Eclipse 附带了一个标准的插件集，包括 Java 开发工具(java development kit, JDK)。Eclipse 还包括插件开发环境(plug-in development environment, PDE)，这个组件主要针对希望扩展 Eclipse 的软件开发人员，因为它允许他们构建与 Eclipse 环境无缝集成的工具。由于 Eclipse 中的每样东西都是插件，对于给 Eclipse 提供插件，以及给用户提供一致和统一的集成开发环境而言，所有工具开发人员都具有同等的发挥场所。

2. LabVIEW

本书选择的开发环境是图形化编辑语言编写程序的 LabVIEW。LabVIEW 是由美国国家仪器(NI)公司研制开发的，类似于 C 和 BASIC 开发环境。与传统的编程语言相比，使用 LabVIEW 编程时基本上不写程序代码，取而代之的是流程图或框图，这就给开发过程带来了很大方便，可以节省很多时间。不但如此，在 LabVIEW 中集成了很多信号处理的算法，这样可以使开发人员节省大部分的时间去专注于软件的设计，而不需要去研究比较专业而且难度很大的各种算法。另外，选择 LabVIEW 作为本系统的开发工具的一个优势就在于它能很好地将 Java 程序集成进来，这就将上面 Java 设计的各个支撑系统可以很容易地在 LabVIEW 中进行实例化，省去了传统开发语言还要另外编写代码的麻烦。

3. XML 数据存储

可扩展标记语言(XML)是标准通用标记语言的子集，是一种用于标记电子文件使其具有结构性的标记语言。在计算机中，标记指计算机所能理解的信息符号，通过此种标记，计算机之间可以处理包含各种的信息，如文章等。它可以用来标记数据、定义数据类型，是一种允许用户对自己的标记语言进行定义的源语言。它非常适合万维网传输，提供统一的方法来描述和交换独立于应用程序或供应商的结构化数据，是互联网环境中跨平台的、依赖内容的技术，也是当今处理分布式结构信息的有效工具。相比传统的数据库而言，XML 数据存储是一种轻量级的数据存储方式。

8.3 BPEL 工作流测试支撑模块

在这一节中，我们介绍支撑系统各个支撑模块的设计及实现。这 4 个模块分别实现了前面第 2、3、4 章所述的方法或技术。

8.3.1 BPEL 工作流建模支撑模块

(1) 输入两个 BPEL 过程，根据 BPEL 的特性将两个 BPEL 过程分别转化为控制流程图。具体步骤如下：

① 按照深度优先的方式遍历给定的 BPEL 过程，获取所有活动结点，并给 BPEL 过程的根活动设定为域<scope>；对于 BPEL 文件中的活动解析过程，如图 8-2 所示。

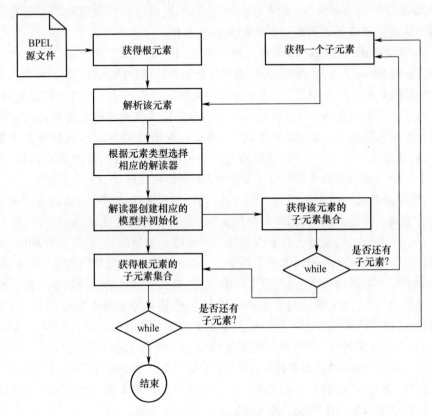

图 8-2　BPEL 文件中活动解析过程

② 根据所获取活动的类型，选择与此活动类型相对应的解析函数分析 BPEL 过程中的每个活动节点的属性，将所有活动共有的活动属性提取出来存入内存中，然后根据活动类型另行存储每种类型的活动特有的属性。

解析函数根据活动类型分为以下几类：基本活动的解析函数从 BPEL 过程中读取基本活动的属性，活动的属性包含名称、类型、前驱后继关系、输入/输出变量、伙伴 link 和端口类型，在块结构中，只有在顺序<sequence>活动下的活动之间才存在前驱后继关系；选择和循环结构活动的解析函数从 BPEL 过程中读取此类型活动的属性，其中输入变量从条件<condition>中解析出来，并且读取对应条件<conditon>下的分支活动；并发结构和顺序结构活动的解析函数从 BPEL 过程中读取此类型活动的属性，并且读取其每条分支下的活动。

133

（2）根据每个 BPEL 过程的控制流程图(BCFG)，分析活动间的约束关系，生成 BPEL 活动约束图 BCFG。具体步骤如下：

① 遍历每个 BPEL 过程的 BCFG，将 BCFG 中除顺序<sequence>、并发<flow>和域<scope>3 种类型以外的基本活动和结构化活动存入活动节点集 N 中。

② 遍历活动节点集 N，如果存在结构化活动，则将结构化活动与其所有子活动所构成的控制依赖关系添加到依赖关系集 E 中。

③ 给所有无控制依赖的活动增加一个共同开始活动节点 Entry，使这些活动都控制依赖 Entry 节点，并将 Entry 节点和所有无控制依赖的活动之间的控制依赖关系添加到依赖关系集 E 中，Entry 节点添加到活动结点集 N 中。具体分析过程如下：

遍历活动节点集 N，判定获取的一个活动的输入变量名称与该活动前驱活动的输出变量名称是否相同，如果相同，则将此数据依赖关系添加到依赖关系集 E 中，然后获取下一个活动，寻找该活动与它前面的活动的数据依赖关系；如果获取的一个活动的活动是否为结构化活动，如果不是结构化活动，根据活动的前驱后继关系，获取该活动的前驱活动的前驱活动，则判定该活动与它前驱活动的前驱活动的输出变量名称是否相同；如果是结构化活动，遍历结构化活动的子活动，则判定其所有子活动的输出变量名称是否与该活动的输入变量名称相同，如果相同，则将这些数据依赖关系都添加到依赖关系集 E 中，如果该活动与此结构化活动的所有子活动没有数据依赖关系，则重复上述的判定，直到找到该活动的数据依赖关系或最顶层活动为止；判断活动自身的输入变量名称是否等于输出变量名称，如果相等，则将此数据依赖关系添加到依赖关系集 E 中；如果 BPEL 过程中存在<while>或<repeatUntil>循环活动，则判定此类活动的输入变量名称是否与该活动的子活动的输出变量名称相同，如果相同，则将此数据依赖关系添加到依赖关系集 E 中；还需要判定此类活动的子活动之间是否存在反数据依赖关系，如果存在，则将此数据依赖关系也添加到依赖关系集 E 中。

④ 根据每个活动的前驱后继关系和输入输出变量，找到所有活动间的数据依赖关系，并添加到依赖关系集 E 中。

⑤ 判断一个异步<invoke>活动是否与另一个<receive>活动的伙伴 link 的名称和端口类型的名称相同，若相同，这两个活动之间则存在异步调用依赖关系，将此依赖关系添加到依赖关系集 E 中。

⑥ 根据活动节点集 N 和依赖关系集 E，得到 BPEL 过程的 BACG，并且以矩阵的形式将所有活动间的约束关系展示出来。

8.3.2 BPEL 工作流测试用例产生支撑模块

该模块的主要功能是根据上一节的 BPEL 工作流建模支撑模块产生的 BCFG，

对于每条路径,基于可满足性模理论(satisfiability modulo theory,SMT),求出所有可行路径的解或空集。

该方法可分为 3 个步骤:首先,本书提出了一种新的覆盖标准,即并发 BPEL 活动路径覆盖标准;其次,基于这个标准,本书将从测试下的 BPEL 工作流应用生成的 BPEL 控制流图分解为测试路径(一组测试路径满足并发 BPEL 活动路径覆盖标准目标);最后,每个并发 BPEL 活动路径用几个约束进行符号编码。符号编码不仅包括传统多线程程序(路径、程序顺序和读写约束)的约束,而且包括 BPEL 工作流应用(同步和消息约束)的独特特征的约束。在 SMT 求解器的帮助下,可以快速确定并发 BPEL 活动路径的可行性。如果并发 BPEL 活动路径不可行,本书方法就直接放弃测试这个路径;否则,在有限的时间内,从 SMT 求解器获得有效的测试用例(可行的并发 BPEL 活动路径和 SOAP 消息序列)。图 8-3 为 BPEL 工作流测试用例产生模块的显示界面。

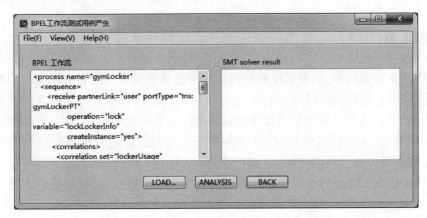

图 8-3 BPEL 工作流测试用例产生支撑模块

8.3.3 BPEL 工作流测试用例选择支撑模块

在本节介绍 BPEL 工作流回归测试用例选择支撑模块的设计与实现。该模块主要负责在原有测试用例集中选择测试用例及决定哪个测试用例需要在新的 BPEL 程序中运行。该模块的实现过程:首先,为了便于比较程序依赖图,给出了将 BPEL 工作流应用转换为通用 BPEL 形式的 3 个规则。这 3 个规则分别对应于死路径消除,异步通信机制和多重赋值的独特特征。其次,建立了对应于两种通用 BPEL 形式(BPEL 工作流应用及其修改版本)的程序依赖图。为此,先分析了各种活动之间的 BPEL 程序依赖性。主要关注控制依赖、数据依赖和异步调用依赖。最后,采用程序切片方法来识别修改的 BPEL 工作流应用的所有受影响的组件,并选择要重新运行的相应测试用例。图 8-4 为 BPEL 工作流测试用例选择支撑模块的显示界面。

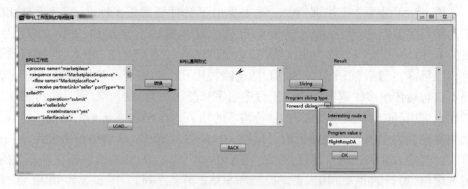

图 8-4 BPEL 工作流测试用例选择支撑模块

8.3.4 BPEL 工作流测试用例优先级排序支撑模块

在此支撑模块中,利用活动的修改影响来度量活动在 BPEL 工作流应用中的测试重要性。此外,结合修改信息(可以通过比较原始版本及其变体之间的差异来计算),可以通过其覆盖信息推导出测试用例的测试重要性。同时,根据测试用例的测试重要性以特定的顺序排序测试用例。为此,首先分析各种活动之间的 BPEL 依赖性。除了控制依赖、数据依赖、异步调用依赖,我们提出了另外相关依赖和同步依赖。考虑到这些依赖关系,利用我们提出的 BPEL 活动依赖图来定量计算每个活动的修改影响,从而确定了每个活动的对应的测试用例的优先级顺序。图 8-5 为 BPEL 工作流测试用例优先级排序支撑模块的显示界面。

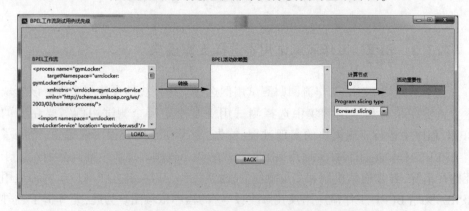

图 8-5 BPEL 工作流测试用例优先级排序支撑模块

8.4 本章小结

本章介绍了面向动态环境的 BPEL 工作流测试的支撑系统的设计与实现。在给出了该支撑系统的总体架构后,具体讨论了 BPEL 工作流建模支撑模块、BPEL 工作流测试用例产生支撑模块、BPEL 工作流测试用例选择支撑模块和 BPEL 工作流测试用例优先级排序支撑模块的设计思路和部分实现。这些思路和实现方式也是前面几章的具体实现。目前,由于时间的关系,只是实现了一个支撑系统和一些简单的功能。

第9章
面向动态环境的服务组合测试应用案例

本章结合某军港食品信息化保障系统,展示了本书提出的 BPEL 工作流测试用例产生、测试用例选择及测试用例优先级排序的方法能够解决实际工程中遇到的问题,进一步说明了本书提出的方法的可行性和可靠性。

9.1 背景描述

某军港食品信息化保障系统是从当前食品保障模式的实际出发,紧扣信息化战争条件下军港食品供应保障的具体需求,以"面向连队、优质服务、强化管理、保障有力"为目标,以数字化、信息化、可视化为技术途径,达到"统一筹措、统一加工、统一供应、统一结算"目的的基于 BPEL 工作流的信息化保障系统。

9.1.1 某军港食品信息化保障系统功能组成

该系统的主要功能是实现整个食品保障业务流程数字化、规范化,形成业务保障流程可视、可知、可查,打造食品保障"采购透明化、服务规范化、管理精细化、保障信息化、准备实案化"。系统功能结构如图 9-1 所示。

从图 9-1 中可以看出,整个系统主要包括信息基础设施系统、保障业务信息系统和辅助支撑系统三大部分。信息基础设施系统主要承担保障业务信息在食品供应站的主食组、副食组、蔬菜组、财务室、计划室、检疫室和采购队等各部门之间传递和展示的任务。其主要包括信息网络管理、LED 信息发布、无线对讲等。保障业务信息系统是整个系统的核心,支撑食品保障需求收集与统计、食品保障计划制订、依据保障计划采购、生产和配送等关键任务。其具体包括需求计划管理、业务监管审核、进销存管理、财务管理、物流管理、人员考勤功能模块等。辅助支撑系统实现对系统自身的维护和管理。其包括用户身份管理、流程定义、数据字典、实时任务、系统日志等功能模块。该系统的建立改善了国防工程食品供应站的保障模式,将供应商、工程用户和食品供应站联系为统一的整体,食品的采购过程在信息化模式下流程化、制度化,自动汇总、统计、分发,将大量的工作从烦琐的手工操作中解脱出来,在实际应用方面节省了大量的人力,规范了整个保障流程,为国防工程食品供应站现代条件下的信息化建设模式提供了典型示范。

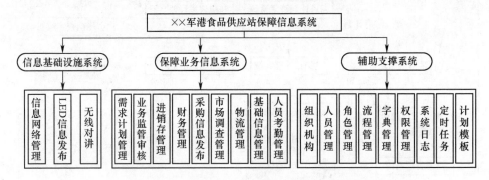

图 9-1 某国防工程食品供应站管理信息系统功能结构

9.1.2 某军港食品信息化保障系统的运行模式

通过上面信息平台的支撑,现有军港食品信息化保障的运行模式见图 9-2。在这种模式下,整个食品供应保障运行流程是典型的需求驱动的 BPEL 工作流系统,共分为需求采集与计划生成、食品采购、加工生产、物流配送、财务等阶段。在需求采集与计划生成阶段,来自舰艇或陆勤单位的给养员通过需求计划管理系统录入食品保障需求,然后经由供应站计划员通过业务监管审核各单位填写的需求计划,再对食品需求计划进行统计、分类,生成采购计划表单和食品加工计划单;在食品采购阶段,采购计划表单通过采购信息发布系统发送至食品供应厂家,各供应厂家按照采购计划单配货并送至食品加工车间;在加工生产阶段,食品加工计划下发至各主食、副食等生产加工车间,生产班组按照加工计划并将计划发送至运输队,运输队班长根据配送计划调遣车辆将食品配送至各用户单位,物流系统通过磁卡对车辆出入时间进行跟踪记录。食品供应站、食品保障单位、生产厂家等直接的资金流均通过财务系统完成。

基于以上分析可知,这种基于 BPEL 工作流的军港食品供应站保障模式具有如下特征:

(1) 保障需求的快速化响应。各单位的食品需求计划一旦录入系统,系统就会自动进行汇总分析,并自动分发至食品供应站相关审核和加工部门,能快速响应保障需求。

(2) 保障过程的高效化流转。食品供应站各职能部门根据自动下发的采购计

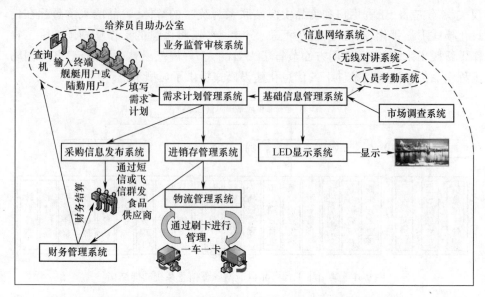

图 9-2 基于 BPEL 工作流的××军港食品供应站保障运行模式

划、生产加工计划、配送计划、出入库计划等有序、高效地执行相关任务,实现了保障过程的高效流程。

(3) 保障信息的无纸化传递。食品供应站的需求、采购、生产、配送等信息均通过网络进行传递,真正实现了信息传递的无纸化和精确化。

基于以上需求和业务流程的分析,整个军港食品供应站信息化保障系统采用面向服务的架构实现,具体实现架构如图 9-3 所示。

(1) 基础资源层和数据层。基础资源的最底层是服务器、存储、网络等构成的 IT 基础设施层,为管理信息系统提供基础支撑环境。之上是基础数据层,即数据库系统,存储业务数据与系统数据。数据层之上是应用中间件层,提供 J2EE 运行环境和应用集成环境。

(2) 通用业务层。通用业务层是通过 BPEL 工作流平台及项目中集成的各个增值系统提供的各种服务功能来构建和实现对系统业务应用的技术支撑。BPEL 工作流程平台包括组织服务、权限服务、流程服务、展现服务、资源服务、业务协同、信息服务、日志服务等。所有业务应用均通过这个平台进行搭建。该平台采用组件化编程,具有良好的扩展性与易维护性。通用业务层可运行在多种 Java 应用服务器上。对数据库操作进行了封装,使系统可以运行在不同的数据库上。

(3) 应用层。业务应用层是在通用业务层基础上搭建的业务功能模块,通过通用业务层提供的支撑,定制实现不同业务功能模块的需求。该层模块可采用格润海文公司的 BPEL 工作流快速开发平台及增值系统提供的一系列组件实现,可以定制开发任意复杂的业务功能模块。业务应用层主要是实现对实际业务的系统

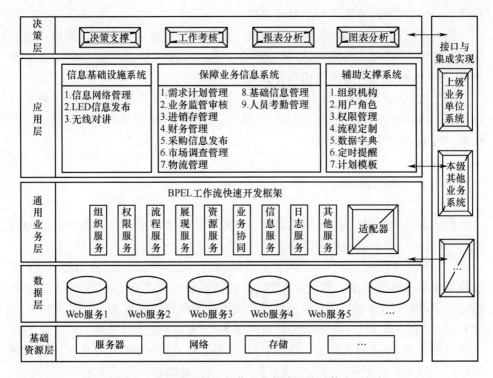

图 9-3 军港食品供应站信息化保障系统总体实现框架

业务应用功能和系统管理。

（4）决策层。决策层为本系统的领导和各负责人提供的系统数据分析服务，包括决策支撑、统计报表、图表等。

9.2 面向军港食品信息化保障系统的 BPEL 工作流测试

9.2.1 测试要求

在基于 BPEL 工作流的军港食品信息化保障系统的开发过程中，总是不可避免地会引入一些开发错误。根据突变测试的思想将 BPEL 工作流程序中的错误主要分为 3 类，即 BPEL、WSDL 和 XPath。BPEL 中的错误主要是一些逻辑错误或与执行结果相关的一些拼写错误。WSDL 中的错误主要是不正确的类型、消息、端口类型和绑定。XPath 错误是 XPath 表达式的错误使用，如提取错误的内容或无法提取任何内容。

由于国防工程的特殊性，要求系统开发后或者 BPEL 工作流变动后的可靠性

很高,并且测试时间要求很短。具体来讲:

(1) 测试用例的精确性。由于国防工程的特殊性,要求每个测试用例尽可能地发现错误,并且要求使用测试用例测试时产生的无效实例尽可能地减少,最好没有,以便减少测试服务器的负担和提高测试效率。

(2) 测试的时效性。当需求或环境变化时,BPEL 工作流会重新进行服务组合,以满足新的需求和环境变化。由于国防工程的特殊性,要求回归测试时尽可能地减少时间,从而提高测试效率。

9.2.2 解决方案

结合本书的研究成果,针对此基于 BPEL 工作流的食品信息化保障系统的测试,主要提供如下层层递进的解决方案:

(1) 采用本书提出的基于 SMT 求解器的新方法来生成用于有效测试 BPEL 工作流应用的测试用例。基于并发 BPEL 活动路径覆盖准则,本书提出了两种将 BPEL 工作流应用分解为满足我们的覆盖准则的测试路径的算法。考虑到 DPE 语义和 BPEL 的关联机制,本书用 5 种约束对每个测试路径进行符号编码。在 SMT 求解器的帮助下,我们求解了这些约束,并获得了有效测试 BPEL 工作流应用的测试用例。这些测试用例可以避免建立无效的实例,从而减少测试服务器的开销。

(2) 当 BPEL 工作流为满足需求或环境的变化重新进行服务组合时,采用本书提出的回归测试选择测试用例的方法。回归测试选择是确保改进的 BPEL 工作流应用的质量的有效技术,在本书中被视为最优控制问题。基于此,考虑到 BPEL 工作流应用的独特特性,我们提出了一个基于 BPEL 程序依赖图的行为差异指导的最优控制器。与以前的方法相比,本书方法可以消除一些不必要的测试用例重新运行,从而提出了测试效率。

(3) 为进一步提高回归测试的测试效率,采用了测试用例优先级排序技术。回归测试的测试用例优先级排序是一种以特定顺序执行测试用例以便可以尽早地检测错误的方法,这是众所周知的一种用于确保修改的 BPEL 工作流应用的质量的有效技术。在本书中,考虑到面向服务的工作流应用中的活动的内部结构和错误传播行为,我们提出了一种新的回归测试选择方法。与传统方法相比,本书方法可以在较短时间内实现更高的错误检测率。

9.2.3 案例分析

以舰船申请食品、油料保障的 BPEL 工作流为例,结合本书的研究给出具体的解决方案。为了直观表达,使用构建 BPEL 代码(以 XML 格式)的 UML 活动图来描绘这些 BPEL 工作流应用。图 9-4 描述了这个舰船保障申请 BPEL 工作流应用程序。在每个活动图中,节点表示 BPEL 活动,边表示两个活动之间的转换。

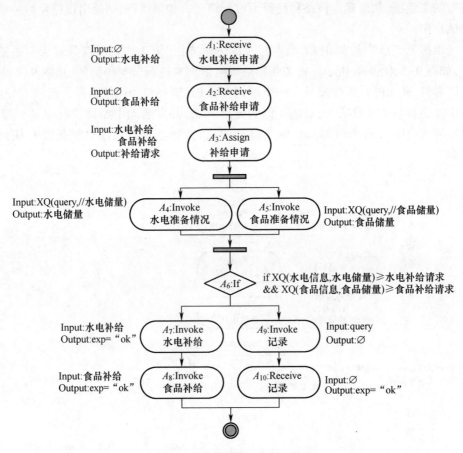

图 9-4 舰船保障 BPEL 工作流

此外,还使用提取的应用程序信息注释节点,如活动的输入和输出参数或此 BPEL 工作流应用程序中的活动使用的任何 XPath Query。将节点编号为 $A_1,A_2,\cdots,A_{10}$,以便后续讨论。舰船保障申请 BPEL 工作流的说明:在通过活动 A_1 和 A_2 从客户端接收订购信息时,舰船保障申请 BPEL 工作流应用同时调用水电储量查询服务和食品储量查询服务来查询水电和食品的储量(活动 A_4 和 A_5)。如果水电和食品的储量大于或等于客户的输入储量(由活动 A_6 验证),则该应用将执行活动 A_7 和 A_8 来为舰船提供水电和食品;否则,此工作流应用程序将调用服务 RecordService 来记录关于客户端的失败保障信息。

1. 测试用例产生

为保证此 BPEL 工作流中不产生无效的测试用例,并且产生的测试用例可以有效测试此工作流,可以利用第 5 章的方法对此工作流进行分析求解。为此,首先对此工作流进行并发 BPEL 活动路径分解;其次在此基础上,对每条潜在可行路径进行约束建模,从而确定该路径是否为可行路径。如果可行,则给出该路径的一个测试用例。

根据第 5 章的并发 BPEL 活动路径的分解方法,该工作流可以分解为两条路径,如图 9-5、图 9-6 所示。每条路径是根据谓词来进行分解得到的,从图 9-4 中可以看到,此 BPEL 工作流只有一个谓词,所以只能分解为两条路径。而该 BPEL 工作流还有一个并发活动,根据我们的分解算法,并发活动中如果没有<link>,该并发活动中所有的活动都参与每条路径的执行,并且执行顺序对结果没有任何影响。

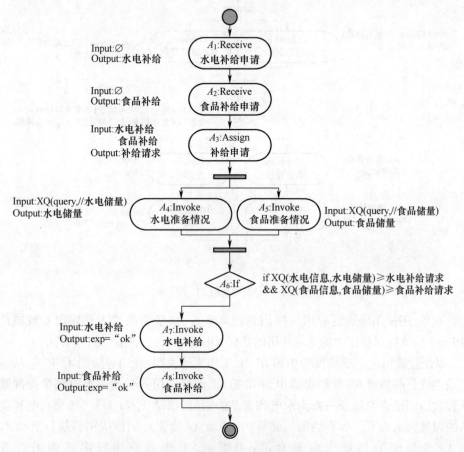

图 9-5　舰船保障 BPEL 工作流潜在可行路径 1

将此两条潜在可行路径分别进行约束建模(路径约束、程序顺序约束、读写约束、同步约束和消息约束),在 SMT 求解器 Yices 的帮助下,可以获得消息序列,如

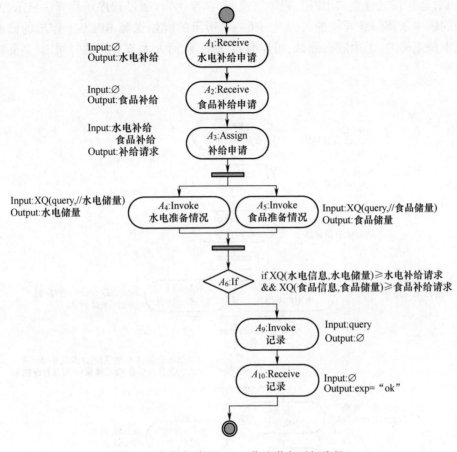

图 9-6　舰船保障 BPEL 工作流潜在可行路径 2

水电补给申请 ="100,100",食品补给申请 ="200",水电储量 ="500,500",食品储量 ="400",水电补给 ="ok",食品补给 ="ok"和水电补给申请 ="600,600",食品补给申请 ="700",水电储量 ="500,500",食品储量 ="400",记录 ="ok"来分别有效地测试这两条潜在可行路径。

2. 回归测试用例选择

在此 BPEL 工作流使用的过程中,程序员做了一些修正(图 9-8),需要快速地对这些新的 BPEL 工作流进行测试,以保证修改不会带来错误。为此,我们采用了本书第 6 章提出的回归测试用例选择方法来进行测试。首先,将图 9-4 和图 9-7 的舰船保障 BPEL 工作流及其修改版本分别转化为其 BPEL 通用形式。通过观察可以发现,两个 BPEL 工作流的 BPEL 通用形式只是将图 9-7 中的同步调用(活动 A_9)分解为如图 9-4 所示的异步调用(活动 A_9 与 A_{10})。然后,选取允许的控制集,两者的允许控制集是相同的。最后,通过第 6 章提出的最优控制策略算法,将两个

BPEL 通用形式建立其 BPEL 程序依赖图(图9-8)。通过程序切片算法显示,两者的程序依赖图是同构的。因此,图 9-7 所示的舰船保障 BPEL 工作流的修改版本是正确的,无须进行测试,可以直接使用,从而大大节省测试时间,提高测试效率。

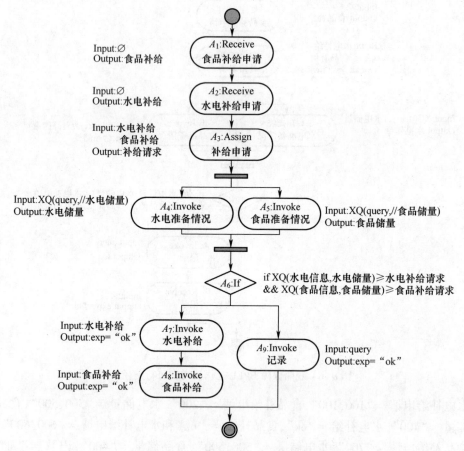

图 9-7 舰船保障 BPEL 工作流变种

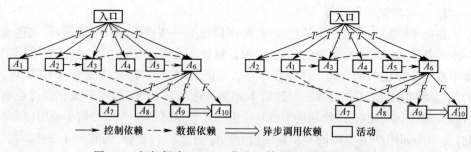

图 9-8 舰船保障 BPEL 工作流及其变种对应的程序依赖

3. 测试用例优先级排序

为更快的提高测试效率,我们采用了本书第 7 章提出的测试用例优先级排序技术。假设对于图 9-4 中的舰船保障 BPEL 工作流分别修改了活动 A_7 与 A_9。首先建立图 9-4 的活动依赖图,如图 9-9 所示。因此,modifiedSet(V_2-V_1) = $\{A_7, A_9\}$。此外,TIA(A_7) = 1,TIA(A_9) = 2。在该启发式案例中,假设测试 A_7 与 A_9 的相应回归测试用例分别为 t_1 和 t_2。因此,TITC(t_1) = 1,TITC(t_2) = 2。先重新运行测试用例 t_2,从而通过测试用例排序技术来提出测试效率。

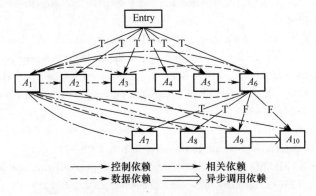

图 9-9 舰船保障 BPEL 工作流对应的活动依赖

本章结合某军港食品信息化保障系统,展示了本书提出的 BPEL 工作流测试用例产生、测试用例选择及测试用例优先级排序的方法能够解决实际工程中遇到的问题,进一步说明了本书提出方法的可行性和可靠性。具体来讲,主要解决了军港食品信息化保障系统的以下问题:

(1) 测试用例的精确性。应用本书提出的测试用例产生方法,可以看到,产生的每个测试用例都可能发现错误,并且使用测试用例测试时不会产生无效的实例,从而可以减少测试服务器的负担和提高测试效率。

(2) 测试的时效性。当军港食品信息化保障系统需求或环境变化时,BPEL 工作流会重新进行服务组合,以满足新的需求和环境变化。应用本书提出的回归测试用例选择和测试用例优先级排序技术,可以减少测试用例产生时间、缩短测试用例发现错误的时间,从而提高测试效率。

9.3 本章小结

本章以基于 BPEL 工作流的某军港信息化保障系统应用为背景,展示了本书所述的 BPEL 工作流测试技术(包括 BPEL 工作流测试用例产生、基于最优控制的回归测试用例选择及基于修改影响的测试用例优先级排序技术)在实际动态环境中的应用。这一应用实践在一定程度上表明了本书工作的可行性和可用性。

参考文献

[1] APPLABS. (2016, May) Web Services Testing a Primer[Online]. Available:http://www.docstoc.com/docs/4248976/Web-Services-Testing-A-Primer.

[2] YAN J, LI Z, YUAN Y, et al. BPEL4WS Unit Testing: Test Case Generation Using a Concurrent Path Analysis Approach[C]// International Symposium on Software Reliability Engineering. DBLP, 2016:75-84.

[3] YUAN Y, LI Z, SUN W. A Graph-Search Based Approach to BPEL4WS Test Generation[C]// International Conference on Software Engineering Advances. IEEE Computer Society, 2006:14.

[4] LIU C H, CHEN S L, LI X Y. A WS-BPEL Based Structural Testing Approach for Web Service Compositions[C]// IEEE International Symposium on Service-Oriented System Engineering. IEEE Xplore, 2008:135-141.

[5] MEI L, CHAN W K, TSE T H. Data flow testing of service-oriented workflow applications[C]// International Conference on Software Engineering. IEEE, 2008:371-380.

[6] NI Y, HOU S S, ZHANG L, et al. Effective Message-Sequence Generation for Testing BPEL Programs[J]. IEEE Transactions on Services Computing, 2013, 6(1):7-19.

[7] DONG W L, YU H, ZHANG Y B. Testing BPEL-based Web Service Composition Using High-level Petri Nets[C]// Tenth IEEE International Enterprise Distributed Object Computing Conference. DBLP, 2006:441-444.

[8] HUMMER W, RAZ O, SHEHORY O, et al. Testing of data-centric and event-based dynamic service compositions[J]. Software Testing Verification & Reliability, 2013, 23(6):465-497.

[9] LALLALI M, ZAIDI F, CAVALLI A, et al. Automatic Timed Test Case Generation for Web Services Composition[C]// ECOWS 2008, Sixth European Conference on Web Services, 12-14 November 2008, Dublin, Ireland. DBLP, 2008:53-62.

[10] ENDO A, TAKESHI, SILVA O A D, et al. Web Services Composition Testing: A Strategy Based on Structural Testing of Parallel Programs[C]// Testing: Academic & Industrial Conference - Practice and Research Techniques. IEEE Computer Society, 2008:3-12.

[11] HUANG J, ZHOU J, ZHANG C. Scaling predictive analysis of concurrent programs by removing trace redundancy[J]. Acm Transactions on Software Engineering & Methodology, 2013, 22(1):1-21.

[12] MAYER P, LÜBKE D. Towards a BPEL unit testing framework[C]// In Proceeding of Workshop on Testing, Analysis, and Verification of Web Services and Applications (TAV-WEB'06): Maine, Portland, 2006:33-42.

[13] LI Z, SUN W, JIANG Z B, et al. BPEL4WS unit testing: framework and implementation[C]// IEEE International Conference on Web Services, 2005. ICWS 2005. Proceedings. IEEE, 2005:103-110.